Carsten Rasmus
Bettina Rasmus

NaTouren rund um Berlin

KlaRas-Verlag

Auf in die Mark Brandenburg!

Die Reihe für Brandenburg

Herausgeber: Bettina & Carsten Rasmus
Autoren: Carsten & Bettina Rasmus

Wir bedanken uns bei

Monika & Manfred Klaehne
und Angela Beck
für die *kritische Durchsicht*.

Titelfotos: Adonisröschen, Alteichen, am Feldsöll, Küstriner Bach, Düne
Seite 3: Christoph-Heinrich-Eiche im Byttnahain bei Straupitz

Layout, *Kartografie* sowie *Fotos* von Bettina & Carsten Rasmus

Alle genannten Adressen und Telefonnummern wurden sorgfältig recherchiert. Es besteht jedoch immer die Gefahr, dass sie sich kurzfristig ändern. Ebenso wurden die Tourenvorschläge sehr gewissenhaft ausgewählt. Es können jedoch Änderungen eintreten, die nicht vorhersehbar waren. Eine rechtliche Gewähr für die Richtigkeit des Inhalts kann daher nicht übernommen werden. Für Verbesserungsvorschläge, Anregungen und Kritik sind wir dankbar (KlaRas-Verlag, Schumpeterstraße 25, 12309 Berlin, Tel. 0 30–7 44 03 26, e-Mail: info@klaras-verlag.de). Für Internetseiten, auf die im Text verwiesen wird, tragen die jeweiligen Anbieter die Verantwortung. Der KlaRas-Verlag ist für den Inhalt dieser Seiten Dritter nicht verantwortlich.

Bibliografische Information der Deutschen Bibliothek

Die Deutsche Bibliothek verzeichnet diese Publikation in der Deutschen Nationalbibliografie; detaillierte bibliografische Daten sind im Internet über http://dnb.ddb.de abrufbar.

ISBN 978-3-933135-22-3

Druck: Klingenberg Buchkunst Leipzig.
Gedruckt auf chlorfrei gebleichtem Papier.

Inhalt

Inhalt

Bei Annenwalde (UM)

Schuhe ausziehen und barfuß über hellen und erstaunlich heißen Dünensand gehen? Oder mit dem Schnorchel in faszinierende Unterwasserwelten eintauchen? Oder den Vögeln des Glücks begegnen? All dies ist möglich, und das ohne weites Reisen. Denn ganz im Gegenteil liegen diese Wunder der Natur dicht vor den Toren Berlins, mitten im Märkischen. Keine lange Anfahrt ist nötig, kein langes Planen, und ein Tag voller Naturwunder nimmt seinen Lauf.

Mit dem vorliegenden Buch möchten wir Sie einladen, die großen Naturwunder Brandenburgs, aber auch die vielen versteckten Naturüberraschungen kennen zu lernen. Die Natur und Landschaft der Regionen um Berlin ist voller Reize, Geheimnisse und Schönheiten. Manches Mal trifft es den Beobachter, den Spaziergänger, Wanderer oder Radfahrer, unvermittelt und deutlich spürbar. Wenn hunderte von Kranichen fast greifbar über die Köpfe der Natur-Touristen in Linum hinweg gleiten, ist das Erlebnis Natur unmittelbar und vor allem umwerfend – eine Gänsehaut ist garantiert. Doch neben den auf den ersten Blick überwältigenden Eindrücken gibt es natürlich auch vieles, das im Verborgenen bleiben würde, wäre es nicht bekannt. Die Bachmuschel liefert ein treffliches Beispiel. Wer kennt das Tier schon? Und wer weiß von seinem komplizierten Leben und seinen Bedürfnissen? Wer aber etwas aus dem Leben der Bachmuschel erfahren hat, sieht, welches Wunder er vor Augen hat, wenn er ein Tier am Grund eines Baches entdeckt.

Im Dünensand auf dem ehemaligen Truppenübungsplatz Jüterbog

Einige dieser Naturwunder stellen wir Ihnen ausführlich in Wort und Bild vor. Dabei haben wir das Buch „Natouren rund um Berlin“ in zwölf Kapitel eingeteilt und jedem Monat ein Thema zugeordnet. Bei einigen Themen ist das zwingend

Im Naturpark Uckermärkische Seen

nötig. Wer blühende Adonisröschen sehen möchte, muss im April an die Oderhänge fahren. Wer überflutete Wiesen sehen und hie und da auch hindurchwaten möchte, sollte im Mai ins Odertal oder an die Untere Havel aufbrechen. Auch brütende Störche, ziehende Kraniche oder reifes Obst haben eine jahreszeitliche Bindung. Die großen, wenig scheuen Tiere der Wildgehege sind eine willkommene Abwechslung zur eher tristen Jahreszeit. Und eine Bergbesteigung ist besonders im Winter ein Erlebnis, wenn womöglich sogar noch Schnee und eine Schlittenfahrt die Tour krönen. Die meisten Ziele lohnen aber auch in einem anderen Monat als angegeben einen Ausflug.

Bedanken möchten wir uns bei folgenden Personen und Einrichtungen, die sich für den Erhalt der Natur einsetzen und von denen wir wertvolle Informationen und auch hervorragende Fotos zur Verfügung gestellt bekamen: Astrid Schütte vom Naturpark Nuthe-Nieplitz, Henrik Watzke von der NABU-Storchenschmiede in Linum, Kathleen Awe vom NABU-Besucherzentrum in Rühstädt, Gert Klinger aus dem Naturpark Uckermärkische Seen, Boris Preckwitz, Ralf Donat, Peter Nitschke und Lothar Lankow von der Heinz Sielmann Stiftung, Peter Koch vom Landschaftsförderverein Nuthe-Nieplitz-Niederung, der Stiftung Naturlandschaften Brandenburg und Dr. Horst Beutler, Dr. Rainer Zelinski, Michael Feierabend, Birgit Großmann und schließlich den Mitarbeitern der Geschäftsstellen der NABU-Landesverbände von Brandenburg und Berlin.

Wir wünschen Ihnen viel Spaß beim Lesen dieses Buches und bei Ausflügen ins Land Brandenburg und hoffen, dass sie viele interessante Erlebnisse und Begegnungen haben werden.

Jeder Schritt ein Pulsschlag

Jeder Schritt ein Pulsschlag

In den Rauener Bergen

Steil steigt der Weg an. Sehr steil. Schon bald wird die Atmung schneller, und auch der Herzschlag legt zu. Dazu die würzige Waldluft. Kiefern um uns herum, hin und wieder eine breitkronige Eiche dazwischen. Der Herzschlag wird noch schneller und die Schritte immer kürzer – keine Tour in den Alpen, sondern die Besteigung eines märkischen Gipfels!

Wer an Brandenburgs Landschaften denkt, hat zunächst kaum Berge im Sinn; doch bei genauerer Überlegung fallen einem mitunter dennoch „Berglandschaften“ ein. Manche von ihnen tragen ihren schroffen landschaftlichen Charakter sogar im Namen, wie etwa die Ruppiner Schweiz oder die Märkische Schweiz. Wer einmal in der südlich des Spreewaldes gelegenen Calauer Schweiz unterwegs war, hat sicherlich mit Erstaunen die Hinweisschilder zur „Skiabfahrt“ gelesen, die am Kesselberg lockt. In der Märkischen Schweiz gibt es sogar einen „Schauinsland“ – der Schwarzwald läßt grüßen. Der Name „Schweiz“ spielt dabei übrigens nicht auf die höchsten Gipfel und Bergketten des Alpenlandes an, vielmehr standen die romantischen, mittelgebirgsähnlichen und von Wiesen und Wald überzogenen Regionen des Landes im 19. Jahrhundert Pate, als diese Namen auf märkische Regionen übertragen wurden.

Neuerdings mausert sich das am Odertalrand gelegene Bad Freienwalde zum märkischen Zentrum des Skispringens – dem nördlichsten Deutschlands obendrein. Gleich mehrere Sprungschanzen stehen zur Verfügung. Im schroffen Gelände wurde sogar eine Schanze für 66 Meter-Sprünge hochgezogen, so dass großen Wettkämpfen nichts mehr im Wege steht. Der Nachwuchs trainiert jedenfalls schon eifrig. Reicht der Schnee einmal nicht aus, wird auf Kunstrasenmatten gelandet. Doch gibt es nicht nur Berglandschaften im Märkischen, es gibt sogar Alpen, etwa die Glindower Alpen südwestlich von Potsdam oder die Knehdener Alpen nördlich Templins. Und auch anderswo sind außergewöhnliche Anstiege keine Seltenheit: Viele Radfahrer verlässt die Kraft, wenn sie im Havelland unterwegs sind und, von Kotzen kommend, auf das Hohe Rott möchten; sie schieben schließlich. Ans Radfahren gar nicht zu denken ist, wenn man aus dem Baruther Urstromtal auf den Hohen Golm möchte, den mit 178 Metern höchsten Berg des Niederen Flämings. Selbst per pedes ist der Anstieg eine Herausforderung. Etwas erträglicher, doch deutlich länger ist der Aufstieg auf die Rauener Berge bei Fürstenwalde, die durch die größten Findlinge Brandenburgs, die Markgrafensteine, bekannt sind. Einzigartig und eine echte „Bergbesteigung" ist schließlich der Weg auf den Wehlaberg am Rand des Unterspreewaldes. Wer hier vom idyllischen Schwanensee kommt, dem bleibt womöglich kurz die Luft weg, wenn er den Wanderweg durch den Wald in Richtung Gipfel erblickt. Wie eine Senkrechte scheint der Weg zwischen den Bäumen. Für den Aufstieg sollte die Luft dann aber wieder zurück sein, denn schon bald ist bei jedem Schritt wenigstens ein Pulsschlag zu spüren. Wer endlich den Gipfel des Wehlaberges bezwungen hat, kann mit Fug und Recht behaupten: „Das ist ein Berg!" Belohnung ist ein geradezu fantastischer Rundumblick: Ein Aussichtsturm überragt den umgebenden Wald und gibt ein unvergleichliches Panorama preis. So sind bei günstigen Verhältnissen Berlin und Cottbus zu sehen, und die kaum zwei Kilometer entfernte riesige Halle des Tropical Islands, größte freitragende Halle der Welt, scheint wie eine Miniatur.

Doch handelt es sich bei diesen Erhebungen tatsächlich um Berge? Oder nur um „eine Schippe Sand", wie manchmal geringschätzig behauptet wird? Der Begriff „Berg" wird von den Fachleuten nicht eindeutig wissenschaftlich umschrieben. Im „Wörterbuch der Geographie" von Diercke heißt es, „Berge heben sich gegenüber der Umgebung durch andere Neigungs- und Höhenverhältnisse hervor". So gesehen, sind alle mehr oder weniger schroffen Erhebungen tatsächlich Berge. Erst bei der Umschreibung von Gebirge als eine Häufung von Bergen mit dazwischen liegenden Tälern taucht ein Begriff auf, der auf die Entstehung der märkischen Landschaft wenig angewendet werden kann: wirksame Kräfte aus dem Inneren der Erde. Damit kann Brandenburg kaum aufwarten, denn fast alle Berge und Hügellandschaften sind aus eiszeitlichen Geschieben oder nacheiszeitlichen Ablagerungen aufgebaut oder gehen auf die Tätigkeit des Menschen zurück, der Abraum zu großen Halden

Hagelberg

Jeder Schritt ein Pulsschlag

In den Sperenberger Gipsbrüchen

auftürmte. Doch gibt es auch Ausnahmen, etwa beim Rothsteiner Felsen, einem aus urzeitlicher Grauwacke bestehenden Gestein bei Bad Liebenwerda. Die Liste der Ausnahmen ist sogar noch länger: So durchbricht in Sperenberg, südlich von Berlin, Gipsgestein die eiszeitlichen Schichten, und in Rüdersdorf, östlich der Metropole, ist es ein Kalksattel. Gips und Kalk sind Schichten, die aus der Tiefe des Bodens empor gedrückt wurden und eine deutliche Erhebung bilden – genauer gesagt bildeten, denn beide Gesteine wurden in den letzten Jahrhunderten abgebaut, so dass heute nur noch tiefe, größtenteils mit Wasser gefüllte Gruben zu sehen sind.

Bis vor wenigen Jahren wurde im Hohen Fläming behauptet, die höchste Erhebung Brandenburgs zu besitzen. Der Hagelberg, westlich von Belzig gelegen, ist mit 200,2 Meter Höhe ein echter Zweihunderter. Kürzlich wurde jedoch amtlich verkündet, dass der Hagelberg nur auf Rang zwei der märkischen Gipfelgrößen liegt. Der Kutschenberg im Elsterland, dicht an der Landesgrenze zu Sachsen gelegen, ist einen halben Meter höher und damit die Nr. 1 im Märkischen. Den höchsten Berg gibt es im Hohen Fläming also nicht mehr, doch in einem sind sie sich im Südwesten des Landes einig: Sie haben „das kleinste Gebirge" Deutschlands. Mit Tieferstapeln wird das Definitionsproblem für Gebirge geschickt versucht zu umgehen, denn so wird es kaum Einwände geben.

Die zehn höchsten Berge Brandenburgs

Berg	Kreis	Höhe
Kutschenberg	(OSL)	200,7m
Hagelberg	(PM)	200,2m
Dietzenberg	(OSL)	191m
Hoher Berg	(SPN)	184m
Golmberg	(TF)	178m
Brandberg	(SPN)	176m
Wache Berge	(PM)	172m
Hutberg	(LOS)	162m
Kesselberg	(OSL)	161m
Semmelberg	(MOL)	158m

Die Oberfläche des Hohen Flämings wurde vor etwa 180.000 Jahren modelliert – von riesigen Gletschern, die sich in Skandinavien bildeten und bis hierher vorgedrungen waren. Die Gletscher hatten Sand und Geröll im Gepäck, die sie aus skandinavischen Gebirgen und dem Ostseegrund abgehobelt hatten. Mit dem Schmelzen des Eises in unserer Region blieben diese Mitbringsel hier liegen, wobei „Mitbringsel“ ein sehr schwaches Wort für die vielen Millionen Kubikmeter an abgelagertem Material sind. Vor gut 20.000 Jahren setzte nochmals eine kalte Periode ein, in der abermals Gletscher bis ins Märkische vordrangen. Bis zum Fläming haben sie es aber gerade nicht geschafft, der Gletscherrand erreichte nur die gedachte Linie von Havelberg über Brandenburg a.d. Havel, Luckenwalde, Baruth und Guben. Die Gletscher hinterließen Hügel und Hügelketten, hier und da schoben sie regelrechte Berge auf, andernorts blieb ein nur wenig welliges und bisweilen sogar ebenes Gelände zurück. Wirklich steile Berge entstanden nur dort, wo die Gletscher auf bereits bestehende Erhebungen stießen. Meist waren dies Hügel aus älteren Eiszeiten, und es entstanden bekannte Berge wie die Rauener Berge oder die Müggelberge. Generell steigt Brandenburg von Norden nach Süden an, und so sind die Berge im Süden absolut gesehen höher. Aber auch im Norden, etwa in der Uckermark, gibt es schroffe Erhebungen, wie am Parsteiner See. Der Kleine Rummelsberg zählt zu den schönsten Aussichtspunkten des ganzen Landes.

Noch mal zurück zum Hagelberg. Er ist zwar nicht mehr die Nummer 1 in Sachen märkischer Gipfel, doch er spielte in der Landvermessung einmal eine wichtige Rolle. Da weithin sichtbar, wurde er als geodätischer Fixpunkt genutzt. Einfache Geometrie war anfangs die Grundlage der Landvermessung, in der das Dreieck die ausschlaggebende Rolle spielte. Die Kenntnisse der Winkelsumme

Blick vom Kleinen Rummelsberg zum Parsteiner See

und der Verhältnisse von Schenkellängen und dazugehörigen Winkeln ermöglichte es, genaue Landkarten zu erstellen. So nutzten die Landvermesser neben Kirchturmspitzen weitere exponiert liegende Hügel, wie die Müggelberge, den Kolberg am Wolziger See im Dahmeland, den Saarmunder Eichberg und den eingangs genannten Hohen Golm im Niederen Fläming. Zunächst verwendete ausschließlich das Militär die so gewonnenen Daten. Das Militär war auch Triebfeder bei einem anderen Projekt, das sich ebenfalls die natürlichen Erhebungen im Land zunutze machte. So dienten manche Gipfel im 19. Jahrhundert der schnellen Fern-Übermittlung von Nachrichten, also der Telegrafie. Bereits unter Napoleon wurde diese Technik entwickelt.

Freeclimbing am Kleinen Markgrafenstein

Preußen griff sie auf und setzte sie ab 1833 um, als die Telegrafie-Versuchsstrecke Berlin – Magdeburg in Betrieb genommen wurde. Die Technik war denkbar einfach: Große Zeiger konnten an hoch aufragenden Masten bewegt und in verschiedene Positionen gebracht werden. Mittels Fernglas von der Folgestation abgelesen, ging es erneut per Zeiger-Alphabet weiter. Von Berlin bis Magdeburg mussten 13 Stationen eingerichtet werden, manche auf Kirchtürmen, wie in (Berlin-)Dahlem, andere dagegen auf natürlichen Erhebungen wie dem Schäferberg am Wannsee oder dem Potsdamer Telegrafenberg, der erst durch diese Nutzung seinen Namen erhalten hat.

Der Aufwand, Hügel künstlich zu erhöhen, um sie besser nutzbar zu machen, wurde in der Preußenzeit allerdings nicht betrieben. Dennoch gibt es vielerorts in Brandenburg regelrechte Kunstlandschaften aus vom Menschen aufgetürmtem Material, wie etwa die eingangs erwähnten Glindower Alpen. Sie sind ebenso ein Kunstprodukt wie die wenige Kilometer entfernte Lehniner Schweiz. Beide entstanden aufgrund großer unterirdischer Tonvorkommen. Zur Ausbeutung dieser wertvollen Lagerstätten musste die Erde regelrecht umgekrempelt werden. Dabei wurde der Abraum nur so weit wie nötig transportiert und an nächstmöglicher Stelle abgelagert – oft nur wenige Meter entfernt. So entwickelte sich eine mosaikartige Landschaft aus steilen Bergen und tiefen Schluchten, die sich später oftmals sogar mit Wasser füll-

Lilienthal-Gedenkstätte in Berlin-Lichterfelde

ten – Rinnenseen en miniature. Nach der Einstellung des Tonabbaus konnten die schroffen Landschaften oft von der Natur zurückerobert werden. Mitunter bildeten sich dann eindrucksvolle Wälder aus, die wegen ihrer Unzugänglichkeit ein Refugium seltener Pflanzen und Tiere wurden. Im Fall der Glindower Alpen wurde diese Bergbaufolgelandschaft sogar unter Naturschutz gestellt.

Dass sogar Otto Lilienthal und die Erforschung des Menschenflugs Nutznießer des Tonabbaus wurden, mag überraschen. Ende des 19. Jahrhunderts stellte der Flugpionier Gleitflugversuche vom aufgetürmten Abraum einer Tongrube auf den Feldern von Berlin-Lichterfelde an. Heute führen rund 70 Stufen auf den zur Gedenkstätte umgestalteten Berg, der Lilienthal bald zu klein wurde. Seine Suche nach geeigneten „Fliegebergen“ verschlug ihn schließlich ins Havelland. Hier ragen Hügel bisweilen sehr steil aus der flachen Aue, darunter auch der Gollenberg bei Stölln, einem Dorf nahe Rhinow. Der 109 Meter hohe Gollenberg überragt die Havelaue um 84 Meter und war zu Lilienthals Zeiten frei von Bäumen, da er zur Viehweide genutzt wurde. Das waren ideale Bedingungen für den Flugwissenschaftler, dessen Gleitflüge bei guten Verhältnissen über 300 Meter weit führten. Im August 1896 bezahlte Lilienthal seinen Mut und Ehrgeiz mit dem Leben, als er in einem Luftloch zu Boden stürzte und sich das Genick brach. Heute steht an der Absturzstelle ein Gedenkstein – 192 Stufen über den Havelland gelegen, und dabei immer noch etliche Stufen vom Gipfel entfernt.

Jeder Schritt ein Pulsschlag

Wehlaberg bei Köthen im Dahmeland

Kaum ein Berg in Brandenburg steigt so schroff und so hoch aus einer flachen Umgebung an, wie die Krausnicker Berge mit dem Wehlaberg als höchstem Gipfel. Er überragt das Spree- und Dahmetal um mehr als 100 Meter – bei 43,5 Metern liegt der Wasserspiegel des Köthener Sees, der Wehlaberggipfel bei 144 Metern. Egal, aus welcher Himmelsrichtung man sich dem Berg nähert, er baut sich stets sehr markant auf. Richtig alpin wird es, wenn man den Wanderweg vom Schwanensee zum Aussichtsturm auf den Wehlaberg geht. Er führt stets in Falllinie bergauf. Auf 750 Metern Luftlinie sind knapp 100 Höhenmeter zu bewältigen, das entspricht einer durchschnittlichen Steigung von 13,3%. Und da es zu Beginn weniger steil hinaufgeht, sind am Ende knapp 20% zu schaffen. Doch damit nicht genug, oben angekommen, erwarten den Gipfelstürmer zum großen Finale: 129 Stufen auf die zweite Plattform des Aussichtsturms. Der ist noch einmal 28 Meter hoch. Wer also hier oben steht, ist fast 130 Meter über dem Köthener See. Für Märkische Verhältnisse wahrhaftig atemberaubend!

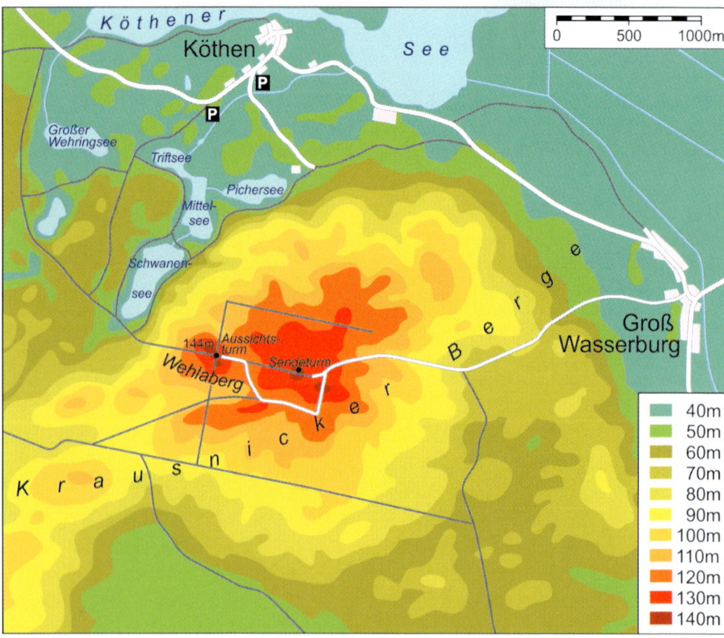

Köthen ist ein recht verschlafener Ort, abseits größerer Straßen. So ist schon die Fahrt in den Ort wie eine kleine Reise. Entweder führt diese über Märkisch Buchholz (an der B179 gelegen oder erreichbar über die A13, Anschlussstelle Halbe, und weiter über Halbe nach Märkisch Buchholz) oder über Leibsch (ebenfalls an der B179 gelegen) und Groß Wasserburg. Neben zwei Parkplätzen am Ortsrand kann man auch in der Dorfmitte an der Gaststätte parken. Bahnfahrer haben es zwar nicht einfach; sie müssen in Oderin (Bahnlinie Nauen – Berlin-Hbf – Lübbenau – Senftenberg) aussteigen und haben dann rund fünf Kilometer Fußweg vor sich. Die sind jedoch sehr reizvoll, es geht durch abgeschiedene Kiefernwälder und vorbei an der einstigen Gaststätte „Hungriger Wolf". Es ist auch möglich, mit dem Fahrrad auf den Wehlaberg zu kommen: In Groß Wasserburg beginnt eine Schotterstraße, die zunächst am Gipfel mit dem Sendeturm vorbei- und dann auf den Wehlaberg hinaufführt.

Auf dem Geländer der oberen Aussichtsplattform sind viele Hinweise auf Türme, Städte oder andere Besonderheiten in der Ferne vermerkt. So fällt die Orientierung leicht. Wer dann noch ein Fernglas in petto hat, ist für die Fernsicht bestens ausgerüstet.

Rauener Berge bei Fürstenwalde

Wie ein kleines Gebirge zeichnen sich die Rauener Berge ab, kommt man auf der A12 an sie herangefahren. Autofahrer müssen die A12 an den Anschlussstellen Storkow (Mark) oder Fürstenwalde (West) verlassen. Über Landstraßen geht es dann nach Rauen. Bahnfahrer steigen in Fürstenwalde oder Storkow aus und fahren weiter mit dem Bus nach Rauen (Linie Fürstenwalde – Storkow und zurück). Von hier führt der ausgeschilderte Hauptweg zu den Markgrafensteinen, zwei gigantischen Findlingen, die die Gletscher hier oben haben liegen lassen – so, als sollten sie zur Schau gestellt werden. Der größere der beiden wurde 1827 gespalten, um eine großen Schale anfertigen zu können. Diese steht heute in Berlin vor dem Alten Museum. Reizvoll ist ein Abstecher zum rund 300 Meter entfernten Steinernen Tisch, der auf dem höchsten Punkt der Rauener Berge steht. Der Tisch und die Bänke drumherum sind aus Bruchstücken des Großen Markgrafensteins herausgemeißelt. Sehr unterhaltsam ist Fontanes Erzählung zu seinem Besuch in den Rauener Bergen (Band Spreeland der „Wanderungen durch die Mark Brandenburg“).

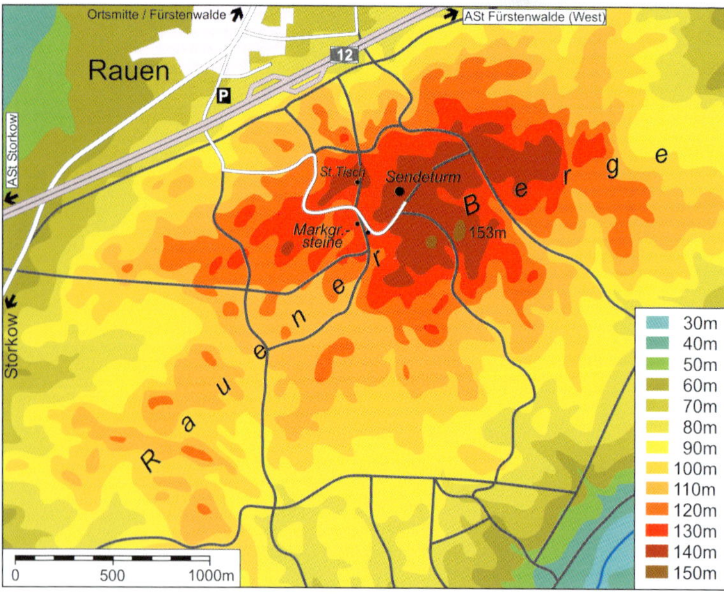

Grosse Tiere ohne Scheu

Große Tiere ohne Scheu

FEB

Schemenhaft ist etwas zu sehen. Äste bewegen sich, dann taucht das Geweih eines Damhirsches auf. Schließlich tritt ein stattliches Tier auf die Lichtung, gefolgt von mehreren Hirschkühen. Sie fressen ruhig am Gras und an den Blättern der Bäume und heben nur ab und zu ihre Köpfe. Mit dem Fernglas sind die Tiere, die kaum 30 Meter entfernt stehen, besonders gut zu erkennen. Dann ein Ruck: Der Hirsch dreht sich um und verschwindet wieder im Gebüsch. Die Kühe tun es ihm gleich, auf der Lichtung ist es auf einen Schlag ruhig.

20 Jahre zurück, der gleiche Ort. Ohrenbetäubender Lärm. Es riecht nach Diesel. Ein Kettenfahrzeug wühlt sich durch den sandigen Boden. Plötzlich fährt es eine Kehrtwende, Sand fliegt auf. Kurze Zeit später ein weiteres Fahrzeug, ebenfalls mit einem roten Stern auf der Tarn-Lackierung, dieses Mal mit riesigen Rädern, drei auf jeder Seite. Steil bergauf, drehen die Reifen zunächst durch und graben sich tief in den Sand. Dann fassen sie doch, und das Gefährt kippt über den Scheitelpunkt des Hügels.

Zwei Szenen, ein Ort. Ein Truppenübungsplatz (TÜP) in Brandenburg, von dem es im ganzen Land unzählige gab. Insgesamt 2000 Quadratkilometer waren 1989 allein in Brandenburg militärisches Übungsgelände – das entspricht mehr als der doppelten Fläche Berlins oder fast acht Prozent der Fläche Brandenburgs. Die Rote Armee, die Nationale Volksarmee und Volkspolizei benötigten abgeschiedene Plätze zum Üben, Schie-

Ergebnis militärischer Nutzung und der Sukzession: Silbergrasflur mit aufkommender Besenheide, Kiefern und Birken

ßen, Kämpfen, Fahren, Manövrieren. Zäune und Mauern wurden gezogen, keine Straße führte mehr hindurch, auch die Land- und Forstwirtschaft mussten – zumindest in den Kernbereichen – eingestellt werden. Die militärischen Übungen riefen in der Landschaft große Zerstörungen hervor (⇨ Monat Juni: Dünensand im Binnenland S. 59), die Pflanzendekke verschwand oft auf weiten Flächen und der nackte Boden trat ans Tageslicht. Die geschundenen Landstriche wurden jedoch zu einer großen Herausforderung für die Natur. Und die hatte eine Antwort dafür parat: Wiederbesiedlung – wie vor 16.000 Jahren beim Ausklingen der letzten Eiszeit schon einmal.

Spezialisierte Pflanzen und Tiere erobern das Terrain und bereiten damit den Boden für weniger spezialisierte Arten. Sukzession lautet der Fachbegriff dafür, und er läuft ohne jedes menschliche Zutun. Die Sukzession fängt auf den bloßen Böden bei Null an. Pionier-Pflanzen und Tiere müssen oft von außerhalb herangetragen werden, da das Leben im Boden gänzlich ausgelöscht ist. Oft sind nicht einmal mehr Samen im Boden, nur Sand. Moose wie das Glashaartragende Haarmützenmoos (*Polytrichum piliferum*), Gräser wie der Schafschwingel (*Festuca ovina*), die Sand-Segge (*Carex arenaria*) oder das Rote Straußgras (*Agrostis tenuis*) und Gehölze wie die Wald-Kiefer (*Pinus sylvestris*), die Hänge-Birke (*Betula pendula*), die Aspe (*Populus tremula*) oder der nur Strauchgröße erreichende Besenginster (*Sarothamnus scoparius*) kommen mit den schwierigen Verhältnissen klar: Nur wenig Wasser, da dies meist schnell im Boden versickert, wenige Nährstoffe und extreme Temperaturen. Wo es – hervorgerufen durch die militärischen Übungen – sogar Brände gab, breitete sich eine Pflanze kräftig aus: die Besenheide (*Calluna*

*Das Berg-Sandglöckchen (*Jasione montana*) blüht auf den Heiden*

*Besenginster (*Sarothamnus scoparius*)*

Wiedehopf (*Upupa epops*, Foto Peter Koch**)**

vulgaris). So verwandelt sich die geschundene Landschaft zu einer offenen Gras- oder Heidelandschaft. Ist diese nun noch von Waldresten, jungen Wäldern, Feuchtgebieten, Bächen oder Seen durchsetzt, ist die Anzahl der hier lebenden Tier- und Pflanzenarten erstaunlich groß – viele verschwinden jedoch wieder, wenn die Bäume die Oberhand gewinnen und eine Waldlandschaft entsteht. Das wäre der Weg der Sukzession.

Mit dem Fall des eisernen Vorhanges und der Aufgabe vieler militärischer Übungsplätze wurde die Sukzession nicht immer wieder gebremst oder gar auf den Nullpunkt zurückgesetzt, sondern konnte inzwischen regelrecht Fahrt aufnehmen. Das Offenland geht damit langsam verloren – verbunden mit gravierenden Folgen für die Natur: Vom Wiedehopf (*Upupa epops*) oder Ziegenmelker (*Caprimulgus europaeus*) etwa leben zurzeit noch über ein Drittel des bundesdeutschen Bestandes auf märkischen TÜPs. Auch Steinschmätzer (*Oenanthe oenanthe*), Heidelerche (*Lullua arborea*), Raubwürger (*Lanius excubitor*), Neuntöter (*Lanius collurio*), Schwarzkehlchen (*Saxicola torquata*) und Baumpieper (*Anthus trivialis*) haben hier große Vorkommen. Der Artenreichtum bei den Insekten und Spinnen ist besonders groß. Auffällig ist etwa die Blauflügelige Ödlandschrecke (*Oedipoda caerulescens*): Am Boden unscheinbar, fallen die blauen Flügel beim Fliegen sofort auf. Entlang der Wege sind auch die Spuren der Grabwespen zu sehen: Sie graben ein Loch in den Boden, um dort ein Ei abzulegen, und der Aushub unterscheidet sich farblich meist vom Sand des Weges. Zu den typischen Blumen der trockenen Heiden gehören u.a. Sand-Bauernsenf (*Teesdalia nudicaulis*), Zypressen-Wolfsmilch (*Euphorbia cyparissias*), Berg-Sandglöckchen (*Jasione montana*) und Sand-Strohblume (*Helichrysum arenaria*).

*Neuntöter (*Lanius collurio*)*

So warf die ausbleibende militärische Nutzung ein schwerwiegendes Problem auf: Wie die Offenlandschaften erhalten? Das Spektrum der Lösungsvorschläge reicht von kontrolliertem Abbrennen, vor allem in den Heidekraut-Landschaften, über kostenintensives Mähen und noch teureres Absägen von Bäumen und Sträuchern bis zur Beweidung. Vor allem die Beweidung durch Schafe hat in Brandenburg eine lange Tradition, die bis in DDR-Zeiten andauerte. Mit dem Fall der Mauer und vor allem den Importen billiger Wolle und billigen Fleisches aus Australien und Neuseeland ging die wirtschaftliche Perspektive verloren. Eine solide wirtschaftliche Grundlage ist jedoch nötig, um die Offenlandschaften langfristig zu erhalten – dauernde finanzielle Zuschüsse sind der falsche Weg. Betrachtet man die vorliegenden Zwischenergebnisse, ist die Beweidung dennoch ein tragfähiges Konzept. Nur: Es werden keine Heidschnucken, Schafe oder Ziegen mehr losgeschickt.

Damhirsch (Dama dama)

Auf dem ehemaligen TÜP Glau im Herzen des Naturparks Nuthe-Nieplitz sind es Dam- und Rothirsche (*Dama dama* und *Cervus elaphus*), Mufflons (*Ovis mussimon*), sowie Islandpferde, die, wie die Praxis zeigt, erfolgreich weiden. Kernpunkt des Projektes: Die Herden der Weidetiere sind nur so groß, dass sie von der nachwachsenden Vegetation getragen werden. Teueres Zufüttern ist allenfalls im Winter nötig. Natürlich

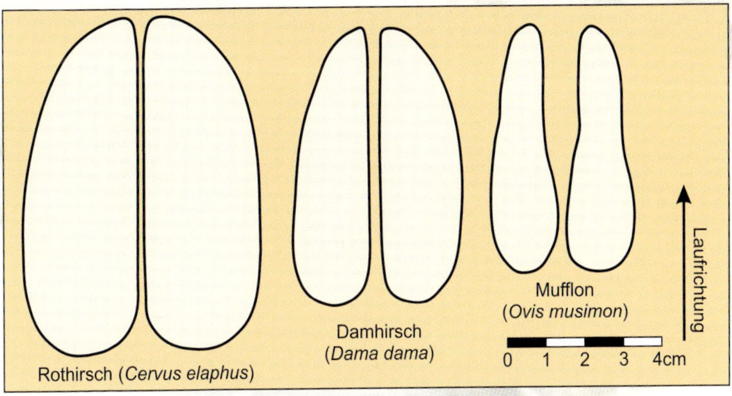

Trittsiegel der im Wildgehege Glau weidenden Tiere

wird auch das Fleisch von Tieren vermarktet, die aus dem stetig anwachsenden Bestand entnommen werden mussten. Für Besucher erfreulich: Das Eintrittsgeld ist sehr moderat. Und da sich die Tiere im Wildgehege an die Besucher gewöhnt haben, zeigen sie keine Scheu vor den Menschen – recht unmittelbare Begegnungen sind also fast garantiert.

In der Döberitzer Heide, einer alten Militärübungslandschaft direkt vor den Toren von Berlin und Potsdam, setzt die Heinz Sielmann Stiftung neben Rothirschen (*Cervus elaphus*) auf Wisente (*Bison bonasus*) und Przewalski-Pferde (*Equus ferus przewalskii*). Die Ausgangsbedingungen sind hier etwas anders, denn neben Sandheiden und Trockenrasen sollen auch feuchte Wälder und Wiesen beweidet werden. Das Äsungsverhalten und Nahrungsspektrum der drei Großwildarten ist unterschiedlich – daran knüpft sich die Erwartung, dass sich auch hier Vegetation und Wild die Waage halten werden. Vor allem der Wisent geht mit gewaltiger Kraft gegen Gehölze vor und drückt junge Bäume bisweilen spielerisch nieder. Wisente gehörten wie der Auerochse zu den größten Weidetieren Mitteleuropas. Doch während der Auerochse ausgerottet wurde, sind vom Wisent einige Tiere erhalten geblieben. Inzwischen laufen, wie auch beim Przewalski-Pferd, internationale Zuchtprojekte, um die Arten dauerhaft und in großer Individuenzahl zu erhalten – zur Bewahrung der Artenvielfalt und der Döberitzer Heide.

Hasenheider Berg in der Döberitzer Heide.

Sielmanns Naturlandschaft Döberitzer Heide

Es war kein anderer als Friedrich Wilhelm I., genannt der „Soldatenkönig“, der in Brandenburg erstmals militärische Übungen durchführen ließ. Die Döberitzer Heide dicht vor Berlin und Potsdam wurde dabei bereits 1713 erstmals militärisch genutzt und ist damit der vermutlich älteste Übungsplatz Deutschlands. Die Intensität der Nutzung wie auch die Größe des Platzes wurden im Lauf der Jahrhunderte stetig erhöht. Zum Schluss übten die Sowjets auf dem auf fast 60 Quadratkilometer angewachsenen Areal. Bedingt durch die Größe des Geländes gab es neben trockenen Bereichen wie Offensandflächen, Heidekrautfluren und Trockenrasen unter anderem auch alte Waldreste, junge Wälder, Moore, Seen und Feuchtwiesen – also fast die ganze Palette märkischer Biotope. Die Naturausstattung ist dementsprechend grandios: Insgesamt 5000 Tier- und Pflanzenar-

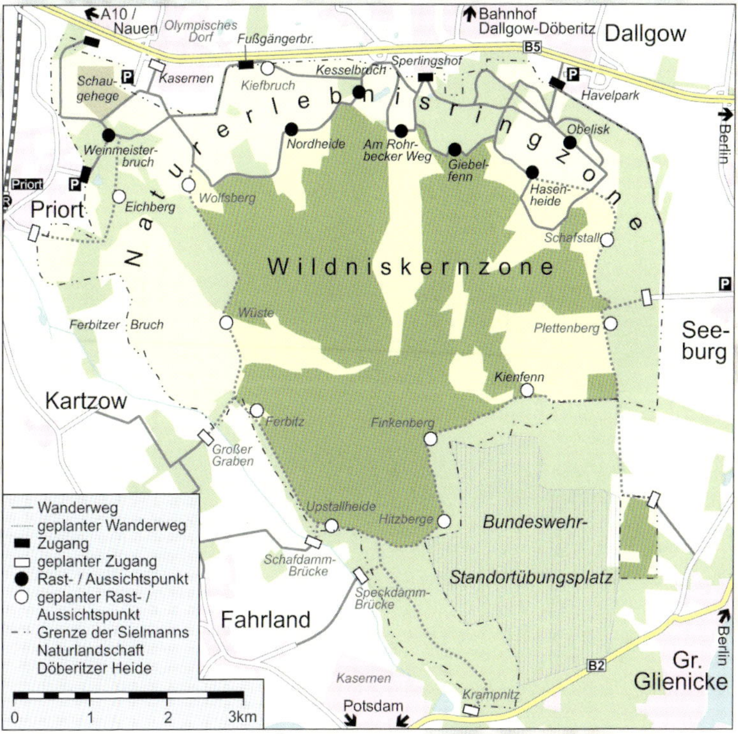

Große Tiere ohne Scheu

*Przewalski-Pferd (*Equus ferus przewalskii*)*

ten konnten bisher nachgewiesen werden. So sind hier zwei Drittel der in Brandenburg vorkommenden Greifvogelarten zu finden, 523 Großschmetterlingsarten, die Hälfte der im Land lebenden Libellenarten, mehr als drei Viertel der Säugetierarten – das sind 48 Arten. Wer möchte, kann einmal überlegen, ob ihm so viele heimische Säugetierarten überhaupt einfallen!

2004 erwarb die Heinz Sielmann Stiftung das Gelände, um es in seiner Struktur- und Artenvielfalt zu bewahren. Gleichzeitig soll es den Menschen zugänglich gemacht werden. „Naturschutz durch eigene Erlebnisse fördern" lautet die Devise der Stiftung, und so gibt es neben einem Kernbereich, der nicht betreten werden darf, einen Natur-Erlebnisbereich. Der Bau eines Infozentrums ist hier geplant, das Schaugehege mit Wisenten, Przewalskipferden und Rotwild garantiert schon jetzt unmittelbare Eindrücke der Tiere.

Die Wildniskernzone soll sich selbst überlassen bleiben – zumindest, was den Einfluss des Menschen angeht. Die für den Erhalt der Offenlandschaft nötige Anzahl an den oben genannten großen Pflanzenfressern muss, das ist ein Teil des Projektes, noch ermittelt werden. Um die Kernzone führen künftig von Munition und anderen Hinterlassenschaften beräumte Wanderwege herum – mit etwas Glück sind die frei lebenden Tiere auch hier zu sehen.

Die Sielmanns Naturlandschaft Döberitzer Heide ist über die Bahnhöfe Priort, Elstal oder Dallgow-Döberitz erreichbar (dann jeweils noch etwa 1,5 Kilometer Fußweg). Die B5 führt am Nordrand des Areals entlang, wo sich mehrere Parkplätze und Zugänge befinden.

Sielmanns Naturlandschaft gGmbH Döberitzer Heide

Sielmanns Naturlandschaft Döberitzer Heide gGmbH
Zur Döberitzer Heide 10
Außenstelle: Athener Straße 2
14641 Wustermark / OT Elstal
☎ (03 32 34) 2 48 90
Schaugehege
☎ (03 32 34) 2 22 23
info@snl-doeberitzer-heide.de
www.sielmann-stiftung.de

Öffnungszeiten Schaugehege
April – Oktober 10 – 18 Uhr
November – März 10 – 17 Uhr

Wildgehege Glauer Tal

Mit einer Siedlung der Johannischen Kirche, die in den 1920er Jahren gegründet wurde, begann es. Den Nationalsozialisten war die religiöse, wirtschaftlich autarke Siedlung ein Dorn im Auge; sie lösten die Kirche und die Friedensstadt auf. 1938 zog dafür die SS in die Gebäude ein – und nach ihr die Rote Armee. Sie erklärte die angrenzende Wald- und Wiesenlandschaft zum militärischen Übungsplatz – mit weniger als 200 Hektar Fläche kein sonderlich großer, doch für die Fahrausbildung von Pionieren gut geeignet. Steile Hügel und wassergefüllte Senken wurden angelegt, und Ketten und Reifen konnten sich durch den Sand wühlen. Nach dem Abzug der Militärs schlug die Stunde von Kiefern und Birken. Vom Wind aus den umgebenden Wäldern oder von vorhandenen Waldresten angeweht, konnten ihre Früchte sich schnell zu neuen Bäumen entwickeln. Der Landschaftsförderverein Nuthe-Nieplitz-Niederung, der noch vor der Gründung des Naturparks Nuthe-Nieplitz eine Reihe von Projekten anschob, entwickelte Ideen, wie die weite, offene Landschaft mit ihrer besonderen Naturausstattung, zu der etwa Wiedehopf, Ziegenmelker und Braunkehlchen gehören, erhalten werden kann. Heraus kam ein begehbares Wildgehege. Über 100 große Pflanzenfresser, also Rot- und Damwild sowie Mufflons, können sich auf der 160 Hektar großen Fläche frei bewegen. Dass sie ihre Aufgabe zufriedenstellend verrichten, kann man allerorten sehen. Es gibt kaum Nachwuchs an Bäumen. Äußerst bizarr erscheinen Kiefern, die etwa 10 bis 15 Jahre alt, allerdings kaum größer als einen Meter sind. Immer wieder angeknabbert, haben die Weidetiere Bonsai-Kiefern entstehen lassen. Auf dem offenen Sand entlang der insgesamt fünf Kilometer langen Wanderwege können sich Spurenleser beim Bestimmen von Trittsiegeln und Losungen üben.

Das Projekt wird von der Universität Potsdam wissenschaftlich begleitet. Dazu werden u.a. zeitweilig kleinere Bereiche ausgezäunt, um sie vor den hungrigen Mäulern zu schützen. Nur dann – wie sich inzwischen herausstellt – können sich die Trockenrasen-Blumen richtig entwickeln. Die Ergebnisse der Untersuchungen sollen helfen, ähnliche Projekte in anderen offenen Landschaften beginnen zu können.

Damwild (Dama dama)

Das Wildgehege liegt sechs Kilometer westlich von Trebbin. In Trebbin auf die B246 in Richtung Beelitz abgebogen, ist das Wildgehege ab dem

Große Tiere ohne Scheu

FEB

Ortsende ausgeschildert. Eintrittsmarken gibt es im Besucherzentrum. Hier informiert zudem eine Ausstellung über die Konzeption des Wildgeheges und die dort lebenden Tiere. Die Mitarbeiter halten außerdem allgemeines Informationsmaterial, Bücher und Karten bereit. Obendrein wartet ein Gastwirt darauf, müde Gehege-Besucher zu stärken.

Die Johannische Kirche hat die Friedensstadt übrigens zurück übertragen bekommen und erfüllt den Ort wieder mit gesellschaftlichem Leben.

Wildgehege Glauer Tal
c/o Landschafts-Förderverein
Nuthe-Nieplitz-Niederung e.V.
Zauchwitzer Str. 51
14552 Michendorf OT Stücken
☎ (03 32 04) 4 23 42
www.wildgehege-glau.de

geöffnet
April – September
10 – 20 Uhr, letzter Einlass 17 Uhr
Oktober – März
10 – 17 Uhr, letzter Einlass 16 Uhr
November nur Sa + So

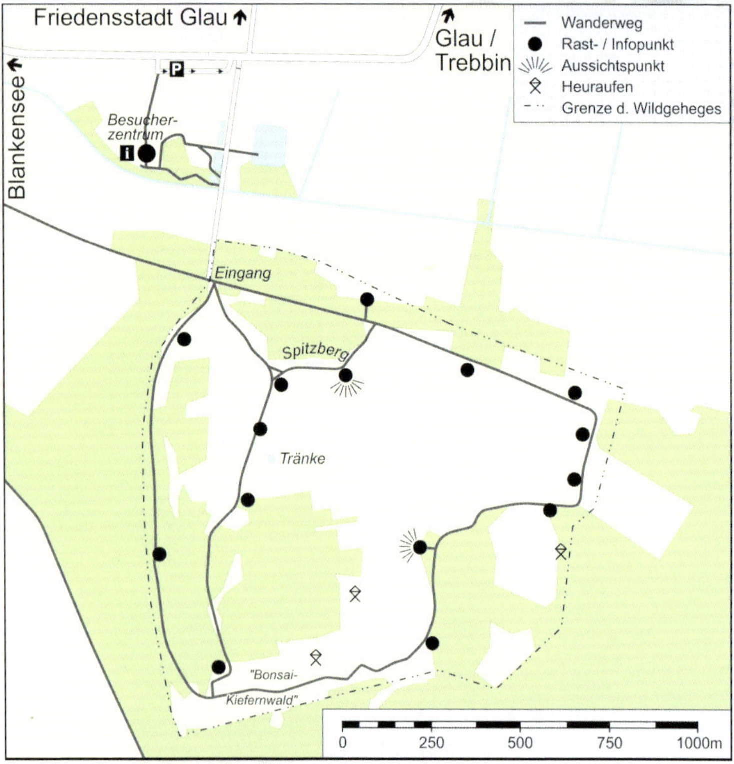

In Schleifen durch den Wald

In Schleifen durch den Wald

Küstriner Bach

Ein Rotkehlchen singt. Sonst herrscht Stille. Lautlos, nur von der enormen Strömung des Baches angetrieben, geht es durch dichten Wald. Urige Schwarzerlen mit bizarren Wurzeln am Ufer, riesige Rotbuchen dahinter – und Stille. Plötzlich ein schriller Ruf. Ein Vogel kommt vorbeigesaust, dicht über dem Wasser, mit einem scharfen Ausweichmanöver um uns herum. Auf einem Ast kurz hinter uns bleibt er sitzen. Für einen Moment war das blau schillernde Gefieder zu erkennen – ein Eisvogel. Der wendige Flieger taucht im klaren Wasser des Baches nach Fischen. Das beherrscht er so gut, dass die Engländer vom „kingfisher", dem König der Fischer, sprechen. Pfeilschnell taucht er ins Wasser ein und erbeutet Fische bis zu einer Größe von neun Zentimetern. Kürzlich war doch etwas über den Eisvogel in der Presse zu lesen? Ja, genau, Wissenschaftler haben beobachtet, dass die Jungen bei der Fütterung ein ganz eigenartiges Verhalten an den Tag legen. Wer gefüttert wurde, stellt sich im Anschluss hinten an.

Für lange Überlegungen ist allerdings keine Zeit. Kopf einziehen und zwar schnell! Über dem Bach liegt ein umgestürzter Baum. Das Kanu gleitet darunter hindurch, und der Kopf liegt kurz auf den Knien.

Es ist ein Erlebnis der ganz besonderen Art, auf dem Küstriner Bach zu paddeln. Hier im Norden Brandenburgs, dicht an der Grenze zu Mecklenburg-Vorpommern, im Naturpark Uckermärkische Seen, sind Wasserwanderer inzwischen schon fast ein fester Bestandteil der Landschaft geworden. Kein Wunder, die vielen

Seen, die Bäche und Fließe und die alten Flößerkanäle bieten ungewohnte Möglichkeiten des Wasserwanderns. So kann man hier und da sogar zu Rundtouren starten.

Auf die beachtliche Länge von rund 32000 Kilometern kommt das brandenburgische Landesumweltamt beim Zusammenzählen aller Fließgewässer – angefangen bei Strömen wie Oder und Elbe über Flüsse wie Havel und Spree bis zum kleinsten Bach. Obwohl es in der Mark nicht gerade viel regnet, tritt Wasser aus hunderten von Quellen aus und speist unzählige Bäche und Fließe. Der Begriff „Fließ" steht in unserer Region übrigens oft stellvertretend für Bach, wie etwa beim Tegeler Fließ oder den zahllosen Fließen im Spreewald. Da das Quellwasser nur selten kräftig sprudelnd hervortritt, die „Schüttung", wie es heißt, meist eher gering ist, sind die Bäche oft auch nur schmal. Der Ökologie des Baches ist dies jedoch nicht abträglich, solange das Wasser nicht versiegt. In den hügeligen Gegenden des Landes, also etwa in der Märkischen Schweiz oder der Ruppiner Schweiz, im Hohen Fläming oder in der Uckermark, rauschen die Bäche mitunter sogar hinab. Umgeben dann noch Bäume den Bachlauf und ist dieser nicht reguliert, tritt eine ganz besondere Fauna auf. Im Oberlauf der Plane, dem größten Bach des Hohen Flämings, findet sich ein Wurm mit dem erstaunlichen Namen „Alpenplanarie" (*Crenobia alpina*). Das unscheinbare Tier, ein Strudelwurm, war in der letzten Eiszeit weiter verbreitet und hat an

Sophienfließ in der Märkischen Schweiz

einigen kalten Quellen und in kühlen Bachläufen bis heute überdauern können – seit gut 16000 Jahren! Kaltes, klares Wasser benötigen auch bekanntere Tiere wie der Edelkrebs (*Astacus astacus*), der einstmals geradezu häufig war, heute aber fast ausgestorben ist. Wäre Theodor Fontane nicht dafür bekannt, seine Informationen für die „Wanderungen durch die Mark Brandenburg" stets sorgfältig recherchiert zu haben, würde ihm keiner seine Worte zum Krebsfang an der Oder abnehmen. So schreibt er im Band „Oderland": „Im Jahre 1719 war das Wasser der Oder, bei der großen Dürre, ungewöhnlich klein geworden; Fische und Krebse suchten die größten Tiefen

*Ins Netz gegangen: Bachforelle (***Salmo trutta fario***)*

auf und diese wimmelten davon. Da das Wasser aber von der Hitze zu warm wurde, krochen die Krebse aufs Land ins Gras oder wo sie sonst Kühlung erwarteten, selbst auf die Bäume, um sich unter das Laub zu bergen, von welchen sie dann wie Obst herabgeschüttelt wurden." Noch bekannter als der Edelkrebs ist ein Fisch, bei vielen auch gern auf dem Teller gesehen: Die Bachforelle (*Salmo trutta fario*). Sie jagt nach vorbeitreibenden Insekten, kleinen Krebsen oder Fischen und anderen Tieren, auf die sie im schnell fließenden Wasser, mit gleichmäßigen Flossenschlägen scheinbar auf der Stelle stehend, wartet. Wo die Bachforelle heimisch ist, ist die Gebirgsstelze (*Motacilla cinerea*) nicht fern. Die Verwandte der Bachstelze lebt an den Oberläufen vieler brandenburgischer Bäche. Ihr Nest baut sie in Erdhöhlen oder Mauernischen unter Brücken. An alten Wassermühlen sind Gebirgsstelzen heimisch. Gut zu erkennen sind die Vögel vor allem zur Brutzeit, wenn die Gelbfärbung des Bauches besonders kräftig ist.

*Bachmuscheln (***Unio crassus***) im Geröll des Küstriner Baches*

Es klingt banal, wenn die Lebensraumansprüche von Gebirgsstelze, Bachforelle oder Edelkrebs mit kühlem, sauerstoffreichem Wasser und sandigem oder kiesigem Untergrund beschrieben werden. Tatsächlich verbergen sich hinter diesen von Natur aus keineswegs seltenen Bedingungen inzwischen rar gewordene Verhältnisse. Werden etwa die Bäume entlang des Bachlaufs entfernt, kann die Sonne das Wasser erwärmen. Mit der Erwärmung verbunden ist ein geringerer Sauerstoffgehalt – und damit weniger Leben. Ähnlich beim Untergrund. Sand oder Kies klingen ganz alltäglich, doch wasserbauliche Maßnahmen haben genau diesen Untergrund selten werden lassen. Vor allem das Gefälle vieler Bäche wurde in den letzten Jahrhunderten verändert. Im zwölften und 13. Jahrhundert wurden erstmals im Land Wassermühlen erbaut. Um immer und reichlich Oberwasser zu haben, wurden die Bäche gestaut. Mühlteiche entstanden, und dem Wasser war der Schwung genommen.

Eine Tierart, die die klaren Bäche bewohnt, steht zurzeit im Fokus des Natur- und Umweltschutzes: Die Bachmuschel (*Unio crassus*), auch als Gemeine oder Kleine Flussmuschel bezeichnet. Sie genießt inzwischen sogar den strengen Schutz der EU als besonders wertvolle Art. So müssen Schutzgebiete für das Tier mit der harten Schale ausgewiesen und Artenschutzprojekte umgesetzt werden – zum Wohl und Fortbestand nicht nur der Bachmuschel, sondern auch vieler anderer Arten, wie Bachforelle, Gebirgsstelze oder Edelkrebs. Das Leben der Bachmuschel ist wie das jeder Muschel kompliziert und dabei voller Gefahren. Unterm Strich gesehen, hat es jedoch über tausende von Muschelgenerationen funktioniert, und die Art konnte sich in weiten Teilen Europas ausbreiten. Mit den gewollten und ungewollten Eingriffen des Menschen in die Bachnatur ging es mit der Bachmuschel aber bergab.

Um dies zu verstehen, muss man ihr Leben genauer betrachten: Bachmuscheln ernähren sich von Schwebstoffen und Plankton, das sie aus dem Wasser filtern. Dazu besitzen sie zwei dicht nebeneinander liegende Öffnungen, durch die das Wasser eintreten und nach der Filtration wieder austreten kann. Da die meiste Nahrung in Bereichen stärkerer Strömung vorbeifließt und diese Bereiche sich von Zeit zu Zeit verschieben, kann sich die Muschel mit Hilfe eines Fußes, den sie zwischen den Klappen hinausschiebt, am Bachgrund bewegen. Hat sie eine Erfolg versprechende Stelle erreicht, gräbt sie sich mit der Vorderseite in den Bachuntergrund ein. An einem Tag kann sie mehrere hundert Liter Wasser filtrieren – eine kostenlose Reinigung. Werden nun durch den Menschen Nährstoffe in unnatürlicher Konzentration eingebracht, etwa durch die intensive Düngung von Äckern in Bachnähe, kann es zur Algenblüte kommen. Die Algen können die Eintritts- und Austrittsöffnung verstopfen. Die Muschel stirbt durch Verhungern. Werden durch menschliche Einleitungen zu viele Schwebstoffe ins Wasser gebracht, setzen sich diese am Grund ab und verschließen die Zwischenräume im Untergrund, durch die die Muschel mit Sauerstoff versorgt wird. Die Muschel stirbt durch Ersticken. Sie besitzt nämlich Kiemen. Kiemen spielen für die Fortpflanzung der Bachmuschel eine große Rolle – allerdings nicht die eigenen Kiemen, sondern die von Fischen, wie dem Dreistacheligen Stichling (*Gasterosteus aculeatus*), dem Gründling (*Gobio gobio*), dem Döbel (*Leuciscus cephalus*) oder der Elritze (*Phoxinus phoxinus*). In deren Kiemen nisten sich die jungen Muscheln, die zu dieser Zeit nur den Bruchteil eines Millimeters groß sind, ein. Es ist schon ein kleines Wunder, wenn die Fortpflanzung bis hierhin überhaupt gekommen ist. Muschelmännchen und –weibchen treten zur Befruchtung nicht direkt in Kontakt. Ihr Vermittler ist das Wasser des Baches, in das das Männchen die Spermien abgibt. Nun muss ein bachabwärts wartendes, geschlechtsreifes Weibchen die Spermien mit dem

In Schleifen durch den Wald

Im Oberspreewald nahe der Kannomühle (OSL)

Wasser aufnehmen. Nach der Befruchtung gibt sie die Nachkommen, Larven, die wissenschaftlich als Glochidien bezeichnet werden, ins Wasser ab. Jetzt stehen die Fischkiemen auf dem Plan. Nur in ihnen können sich die Glochidien einnisten und weiter entwickeln – auf Kosten der Fische, aber ohne großen Schaden für sie. Fehlen diese Fische, fehlt den Muscheln die Kinderstube. Bis zu 50.000 Larven stößt das Weibchen aus – diese riesige Menge ist nötig, denn nur fünf von einer Million Glochidien schaffen dies. Hat das Einnisten geklappt und der Fisch nicht etwa die Larve verspeist, fällt die herangewachsene Larve nach einigen Wochen vom Fisch ab, vergräbt sich am Bachgrund und bleibt dort so lange, bis sie etwa einen Zentimeter groß geworden ist. Erst dann kommt sie wie ihre „erwachsenen" Artgenossen aus dem Boden heraus. Das kann Jahre dauern – und ist auch voller Gefahren, etwa wenn die Bachsohle „beräumt" wird, um den Wasserabfluss zu verbessern. Sand, Pflanzen, Schlamm und alles, was sich darin befindet, werden dabei vom Gewässergrund aufgenommen, an Land geholt und an völlig fremder Stelle wieder abgelegt. Ebenso gefährlich ist es auch, wenn ein Paddelboot mit zuviel Tiefgang über den Bachboden streift.

So ist die Bachmuschel in den letzten Jahrzehnten in Deutschland vielerorts ausgestorben. In einigen Regionen, vor allem in Mecklenburg-Vorpommern, aber auch in der Uckermark, sind bis heute jedoch stabile Bestände erhalten geblieben. Stabil heißt, dass sich die Populationen selbst erhalten und nicht überaltern. Apropos Alter: Bachmuscheln können das erstaunliche Alter von 30 Jahren erreichen.

Im Spreewald, der unter dem strengen Schutz der UNESCO steht, wurde 2001 eine große Suchaktion nach der Bachmuschel gestartet – dem EU-Schutzstatus der Muschel sei Dank. An 15 Stellen konnte das Schalentier gefunden werden. Besonders in Fließen, in denen sich Sandbänke gebildet hatten, konnten viele Muscheln entdeckt werden. Die Kraft des Wassers ist überhaupt ein fester Bestandteil der Bachnatur. Wo sie sich im flacheren Land entfalten darf, beginnt der Wasserlauf hin- und her zu schwingen. Grund dafür sind unterschiedliche Strömungsverhältnisse an Hindernissen, wie Steinen oder totem Holz im Wasser. Wo das Wasser schneller strömt, wird der Bachgrund vertieft und ein Kolk entsteht. Und wo das Wasser auf das Ufer trifft, wird Erde abgetragen. Einzig die Schwarzerle (*Alnus glutinosa*) widersteht der Kraft des Wassers und schafft es, das Ufer dauerhaft zu befestigen. Mit der Zeit bilden die Bäume ein bizarres Wurzelwerk aus, das tief in den Boden hinabreicht. Moose siedeln sich auf den Wurzeln an, in den entstehenden Höhlen nisten sich gerne Zaunkönige (*Troglodytes troglodytes*) ein. Schwarzerlen vertragen von den heimischen Bäumen am besten längere Überflutungen. Und da sie, zumindest unter natürlichen Bedingungen, kaum Mangel an Wasser und Nährstoffen leiden, können sie sehr verschwenderisch mit ihrem Laub umgehen. Während die anderen Gehölze vor dem Laubfall dem Blatt viele Mineralien und Kohlenhydratverbindungen entziehen – daher die gelbe oder rote Herbstfärbung des Laubs –, rieseln bei der Schwarzerle

Fischotter (Lutra lutra)

grüne Blätter zu Boden. Man spricht vom „grünen“ Laubfall.

Zurück zum Bach. Hin und wieder schafft es das strömende Wasser dennoch, das Ufer zu unterspülen. Das kann bis zum Uferabbruch führen. In die so geschaffene Steilwand gräbt zum Beispiel der Eisvogel (*Alcedo atthis*) seine Brutröhren. An anderen Stellen wird Sand abgelagert, und es bilden sich Sandbänke, auch als Furt bezeichnet. An diese ständige Umverteilung sind viele Wirbellose angepasst, darunter verschiedene Stein- und Köcherfliegenarten. Den meisten Menschen bleiben diese Tiere jedoch verborgen. Ähnlich verhält es sich mit zwei großen Säugetieren, die am und im Wasser leben: dem Biber (*Castor fiber*) und dem Fischotter (*Lutra lutra*). Nur wenige haben das Glück, die Tiere in freier Natur einmal zu Gesicht zu bekommen. Bisweilen sind jedoch Trittsiegel der beiden zu entdecken. Vor allem vom Biber gefällte Bäume oder die spitzkegeligen Baumstümpfe sind hin und wieder zu sehen. Und wer am Ufer eines Baches einen Haufen Muschel- oder Schneckenschalen oder gar Fischschuppen entdeckt, hat unverkennbar die Reste einer Ottermahlzeit vor sich.

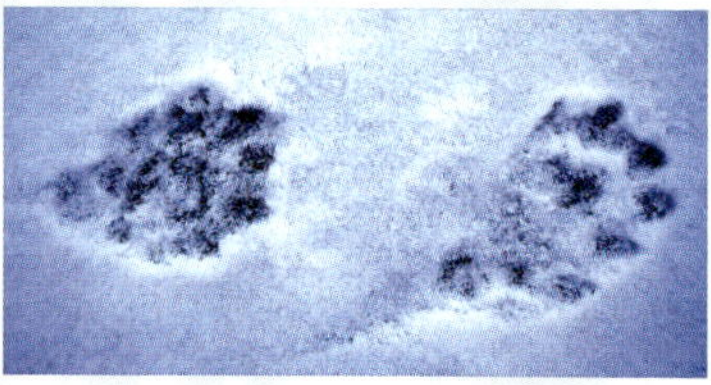

Trittsiegel eines Fischotters

Nonnenfließ (BAR)

Küstriner Bach

Wie auf einem Mittelgebirgsbach fühlt man sich auf dem rund sechs Kilometer langen Küstriner Bach zwischen dem Großen Küstrinsee und Lychen. Durch den Bach fließt das Wasser der Feldberger Seen und der Gewässer um Warthe, Hardenbeck und Mahlendorf. Fast neun Meter Höhendifferenz, im oberen Teil eine Fließgeschwindigkeit von 40 cm/s und zwischen 200 und 900 Litern Wasser pro Minute – da braucht man das Paddel fast nur zum Steuern. Zum Schutz von Tieren wie der Bachmuschel darf der Bach nur stromabwärts und bei einem Mindestpegel von 30 Zentimetern am Wehr Küstrinchen befahren werden. In den letzten Jahren war dies nur zwischen Weihnachten und Ostern der Fall; eine Sommertour war in dieser Zeit nur einmal möglich. Die Verwaltung des Naturparks Uckermärkische Seen kann bei der Suche nach Bootsvermietern für den Küstriner Bach weiterhelfen. Natürlich können auch andere Wasserwandertouren – geführt oder auf eigene Faust – gemacht werden.

Naturpark Uckermärkische Seen
Zehdenickerstraße 1
17279 Lychen
☎ (03 98 88) 6 45 30
np-uckermaerkische-seen@lua.brandenburg.de

Lychen ist über das an der B96 liegende Fürstenberg / H. oder das an der B109 gelegene Templin erreichbar. Die Naturparkverwaltung befindet sich südlich des Altstadtkerns an der Zehdenickerstraße.

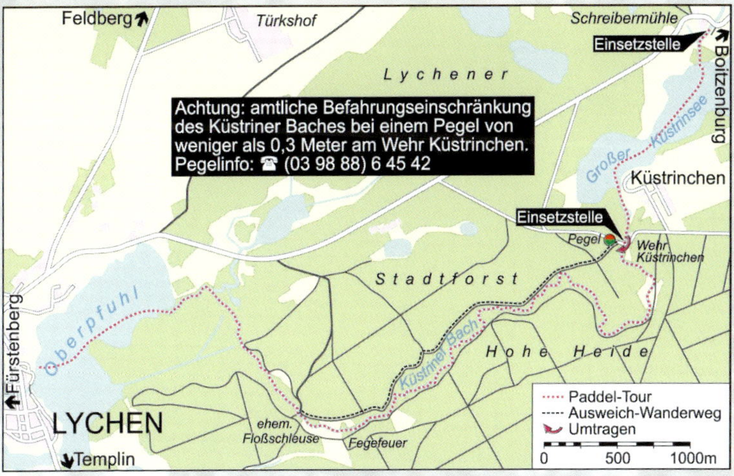

In Schleifen durch den Wald

Nonnenfließ

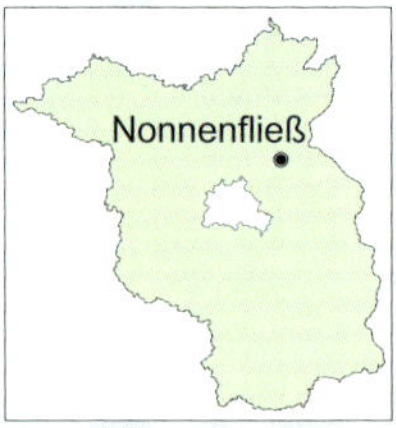

Das Nonnenfließ und die benachbarte Schwärze gehören zu den ökologisch wertvollsten Bächen Brandenburgs. Sandbänke, Mäander, Uferabbrüche, uralte Schwarzerlen und gleich daneben naturnahe Buchenwälder verleihen dem Bach einen unvergleichlichen Reiz. Wanderwege verlaufen auf beiden Seiten des Baches; ein guter Ausgangspunkt für eine Wanderung ist Spechthausen, wo sich auch eine Gaststätte befindet. Der Ort liegt zwischen Biesenthal und Eberswalde an der B2. Reizvoll ist auch die nördlich des Ortes gelegene Schwärze, die im Bereich des Zoologischen Gartens von Eberswalde oft weithin über die Ufer tritt und einen großen Erlenbruch unter Wasser setzt – ein seltener Anblick märkischer Feuchtwälder.

GOLDENE
BLUTSTROPFEN

Goldene Blutstropfen

*Frühlings-Adonisröschen (*Adonis vernalis*) in voller Blüte*

APR

Ein junger Mann schleppt sich schwer verletzt durch das offene Land. Er ist kräftig und sieht sehr hübsch aus. Und er blutet. Immer wieder fallen Blutstropfen auf den Boden. Ein paar Schritte hinter dem Verletzten raschelt es: Ein großer Eber verschwindet im Dickicht. Wutschnaubend hat er den Jüngling kurz zuvor angegriffen. Dieser macht noch ein paar schwerfällige Schritte, dann fällt er entkräftet zu Boden und stirbt.

So erzählt es die Geschichte aus der griechischen Mythologie, deren andere Beteiligte noch Aphrodite, die Geliebte des Jünglings, sowie der eifersüchtige Nebenbuhler Ares waren. Ares verwandelte sich in einen Eber, der den Jüngling Adonis angriff. Der Sage nach vermochte es Aphrodite, einen auf den Boden gefallenen Blutstropfen von Adonis in eine wunderschöne Blume zu verwandeln – ein Adonisröschen.

Szenenwechsel: Die Sonnenstrahlen sind bereits so kräftig, dass sie wärmen. Aus den Gehölzen schiebt sich erstes zartes Grün. Ein süßlicher Duft vieler Blüten liegt über den Oderhängen, über dem Waldrand singt eine Heidelerche – es ist eine der schönsten Zeiten im Jahr, jetzt, im April. Und eine der schönsten Landschaften im ganzen Land: Der Rand des Odertals, wo die Hügel teilweise um bis zu 50 Meter steil zur Oderaue abfallen. Seinen besonderen Reiz erhält das Gebiet zurzeit aber durch die großen, gelben Farbtupfer, die die Hügel bedecken: die Adonisröschen.

Botanisch gesehen ist es das Frühlings-Adonisröschen, das mit seinen kräftigen, gelben Tupfern den Oderbruchrand übersät. Der wissenschaftliche Name lautet *Adonis vernalis*. Es gibt noch mehrere verwandte Adonis-Arten, von denen aber nur eine auch in märkischen Gefilden vorkommt: Das Sommer-Adonisröschen (*Adonis aestivalis*), das rote Blüten besitzt. Der Rest ist größtenteils im Mittelmeerraum heimisch; kein Wunder, spielt die Adonis-Sage doch auch im Mittelmeergebiet. Die Adonisröschen gehören zur Familie der Hahnenfußgewächse, einer Gruppe von Pflanzen, die nach der Gestalt mancher Laubblätter, die an den Fuß eines Hahnes erinnern, zusammengefasst werden. Weitere Hahnenfußgewächse sind das Busch-Windröschen, das mit seinen Blüten den Boden vieler Brandenburger Laubwälder im Frühling weiß färbt, das ebenfalls im Laubwald gedeihende Leberblümchen und die gleichfalls im Frühjahr blühende Sumpf-Dotterblume, eine Pflanze der feuchten Wiesen und Gewässerränder. Es gibt sogar mehrere Pflanzenarten, die gemeinhin als Hahnenfuß bezeichnet werden, etwa den Kriechenden Hahnenfuß, der auf Wiesen wächst.

Das Frühlings-Adonisröschen entwickelt goldgelbe Blüten, die im Durchmesser bis zu acht Zentimeter groß werden können. Da oft mehrere Blüten dicht beieinander stehen und die Pflanze kaum höher als 40 Zentimeter wird, erscheint das Ado-

Adonisröschen-Hänge in Mallnow

nisröschen zur Blüte wie ein großer, goldener Farbtupfer. Die goldgelbe Farbe wird noch durch einen glänzenden Überzug verstärkt, der die Blütenblätter in der Sonne förmlich glitzern lässt. Grund für die Farbe und den Glanz: Die Blüten sollen Insekten als Bestäuber anlocken. Das Adonisröschen hält dabei jedoch keinen Nektar als Lockmittel bereit. Die Insekten, verschiedene Bienen- und Fliegenarten, müssen sich mit dem Pollen zufriedengeben. Ähnlich wie eine junge Sonnenblume vermag auch das Adonisröschen seine Blüte mit dem Stand der Sonne mitzubewegen – so fällt sie am meisten auf. Nach der Bestäubung fallen die Blütenblätter ziemlich rasch ab, und die Blütenachse beginnt sich zu verlängern.

Oftmals kann man nun ein anderes Insekt auf dem Adonisröschen sehen: Die Ritterwanze (*Lygaeus equestris*), die der bekannteren Feuerwanze zum Verwechseln ähnlich sieht. Landläufig werden Wanzen manchmal als Käfer angesehen. Tatsächlich sind sie jedoch eine eigenständige Gruppe, da ihre Entwicklung vom Ei zum ausgewachsenen Tier anders als bei Käfern verläuft. Biologen sprechen von der unvollständigen Metamorphose, wobei „Metamorphose" den Gestaltwandel meint, also das Durchschreiten verschiedener Entwicklungsstadien mit Ei, Larve, einer oder mehrerer Puppen und dem ausgewachsenen Tier. Bei den Wanzen ist diese Metamorphose unvollständig, denn es gibt keine Puppe, sondern der ausgewachsenen Wanze

Ritterwanzen (Lygaeus equestris)

ähnliche Stadien, bei denen die Tiere aber etwas kleiner sind – man könnte meinen, es sind Wanzenbabies. Die Ritterwanze war übrigens das Insekt des Jahres 2007. Wer ab Mitte April Adonisröschen sieht, wird also auch den Ritterwanzen begegnen.

Die nun heranreifenden Samen sind eine Leibspeise von Ameisen: An den Samen befindet sich ein ölhaltiges Anhängsel, auf das es die Sechsbeiner abgesehen haben. So tragen sie die Adonissamen von der Pflanze fort

Fruchtstand

Pflege der Adonisröschen-Hänge durch extensive Schafbeweidung

und lagern sie mitunter sogar in ihrem Bau ein. Erst wenn der Ölkörper, Elaiosom genannt, verspeist ist, wird der Rest, also der bloße Samen, wieder in die Umgebung gebracht, wo er bei guten Bedingungen dann keimen kann.

Ein wichtiger Auslöser für die Keimung ist Frost – in der eigentlichen Heimat der Frühlings-Adonisröschen ist ein eisiger Winter üblich. Die Heimat sind die Steppen der Ukraine und Südsibiriens, wo es im Winter sehr kalt und im Sommer sehr heiß ist. Ähnliche Klimabedingungen, allerdings nur auf kleine Gebiete beschränkt, herrschen am Rand des Odertals, und so konnte das Adonisröschen sich ausbreiten. Von Natur aus siedelte es hier in den lichten Kiefern-Eichen-Hangwäldern. Nachdem diese vom Menschen gerodet und in Weideland umgewandelt worden waren, wuchsen die Adonisröschen besonders prächtig. Dabei schadeten ihnen auch die gefräßigen Schafe nicht, die nun über die Wiesen zogen. Ganz im Gegenteil, sie förderten die Existenz der Adonisröschen, gleich mehrfach: So machen die Tiere einen Bogen um die Adonisröschen, da diese aufgrund enthaltener Glykoside stark giftig sind – in der richtigen Dosis werden diese Substanzen als Herzmittel eingesetzt. An anderen Pflanzen fraßen sich die Schafe dagegen satt und schufen damit Platz für weitere Adonisröschen. Schließlich hielten die Weidetiere möglicherweise aufkommende Gehölze klein, so dass sich kaum schattenwerfende Gewächse entwickeln konnten. Doch nicht nur vom Lichtreichtum profitierten die Adonisröschen, auf diese Weise stand ihnen auch mehr Wasser zur Verfügung. Das ist auf den Trockenrasen des Odertals große Mangelware. Bäche oder Quellen sind hier eine Rarität, folglich verwundert es nicht, dass die Wurzeln der Adonisröschen mehrere Meter tief in den Boden wachsen. Bei gemessenen 28°C in zwei Metern Höhe wurde eine Temperatur von 35°C an der Bodenoberfläche ermittelt; ein beachtlicher Unterschied! Der tiefen Wurzeln wegen ist auch jeder Versuch zum Scheitern verurteilt, Adonisröschen auszugraben, um sie in den eigenen Garten zu verpflanzen – ganz abgesehen davon, dass die Pflanzen streng geschützt sind und weder ausgegraben noch gepflückt werden dürfen. In den unter Naturschutz stehenden Adonishängen dürfen nicht einmal die Wege verlassen

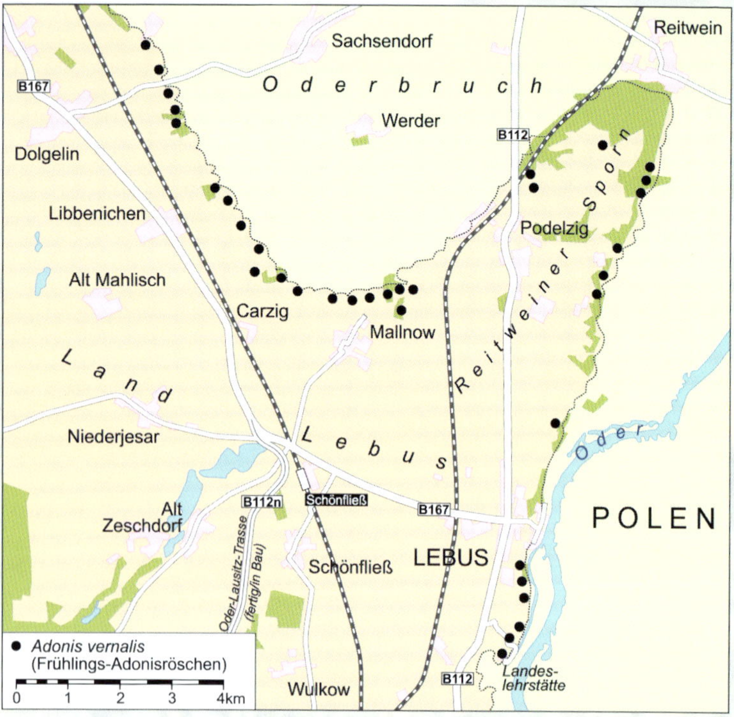

***Verbreitung des Frühlings-Adonisröschens am Rand der Lebuser Hochfläche zum Oderbruch** (aus: Handbuch der Naturschutzgebiete der Deutschen Demokratischen Republik, Band 2, 1982, aktualisiert)*

Rand der Lebuser Hochfläche zum Oderbruch

werden. Dahinter verbirgt sich nicht etwa blinder Aktionismus, sondern die Tatsache, dass junge Pflanzen immer wieder zertreten werden. So bleibt der Nachwuchs aus, und die Adonisröschen-Population wird immer älter. Wer die Pflanzen gerne aus der Nähe studieren möchte, kann dies an einigen Stellen auch direkt vom Weg aus machen oder ein Fernglas mitnehmen. Da sich manche Besucher nicht an das Wegegebot halten, mussten im Lauf der letzten Jahre immer mehr Zäune gezogen werden. Noch ein hilfreicher Tipp: Beim Adonisröschenfest in Lebus, das alljährlich an einem Sonntag Mitte/Ende April rund um die Landeslehrstätte Lebus stattfindet, bietet sich die Gelegenheit, vom Gärtner gezüchtete Adonisröschen zu erstehen, die dann natürlich nicht geschützt sind – und denen obendrein keine Wurzeln fehlen!

Landeslehrstätte Lebus
15326 Lebus
☎ (03 36 04) 55 00
landeslehrstaette@
lua.brandenburg.de

Wieder zurück zu den lokalklimatischen Verhältnissen an den Adonishängen. Wärme und Wasserarmut und der kalkreiche Boden rufen auch andere, sonst seltene Pflanzen auf den Plan, etwa das Haarfedergras (*Stipa capillata*), die Wiesen-Küchenschelle (*Pulsatilla pratensis*) und die Sibirische Glockenblume (*Campanula sibirica*). Diese besondere Vegetation hat Ökologen sogar dazu bewogen, hier nicht mehr vom

*Die Nachtigall (*Luscinia mega-rhynchos*) brütet im Schlehdorn*

Odertal an der Landeslehrstätte Lebus

Trockenrasen, sondern vom Steppenrasen zu sprechen. Der heute geläufige Begriff „Pontische Hänge" stammt aus dem griechischen, wo „Pont" für das Schwarzmeerbecken, dem Hauptverbreitungsgebiet der Adonisröschen, steht. Wo seltene Pflanzen gedeihen, ist natürlich auch eine besondere Tierwelt heimisch. Neben seltenen Käfer-, Zikaden- und Heuschreckenarten sind verschiedene Schneckenarten vertreten, die mit den Trockenrasenverhältnissen gut zurecht kommen; die Ritterwanze fühlt sich bekanntermaßen ja auch wohl.

Wie die Weidetiere den Adonisröschen zur Ausbreitung verhalfen, so gehen die Pflanzen auch wieder mit dem Ausbleiben der Beweidung zurück. Die ist heute nämlich wirtschaftlich nicht mehr von Interesse und viele Trocken- und Steppenrasen beginnen zuzuwachsen. Dies verläuft in mehreren Stadien, die stets mit einem Rückgang der Adonisröschen verbunden sind. Zunächst nehmen größere Staudenpflanzen den Boden ein, dann gelingt es dem Schlehdorn (*Prunus spinosa*), Fuß zu fassen. Schlehdorngebüsche sind überhaupt prägend für die Adonishänge; sie säumen manchen Weg und stehen hin und wieder am Rand der Steppenrasen oder auch mittendrin.

Dorfentwicklungsverein Malnowe e.V.
Bruchweg 1
15326 Lebus OT Mallnow
☎ (03 36 02) 4 36
info@mallnow.de

Heute stehen die Pontischen Hänge in sechs Naturschutzgebieten unter Naturschutz. Zwei davon, das NSG Oderberge Lebus und das NSG Oderhänge Mallnow, locken alljährlich die Naturtouristen und haben die nötige Infrastruktur für den bisweilen großen Besucherstrom. Beide Einrichtungen bieten auch Führungen für Gruppen an, die vorab vereinbart werden müssen.

Adonisröschen-Hänge in Mallnow

„Wie in den Alpen“ entfährt es manchen Besuchern, die in Mallnow den welligen und mehr oder weniger steil abfallenden Rand zum Oderbruch erreicht haben. Über grüne, von unzähligen Adonisröschen übersäte Wiesen geht es hinab. Unten stehen mehrere Wege zur Verfügung, allesamt mit reizvollen Ausblicken.

Wer zu den Adonisröschen möchte, passiert vorher die Ortsmitte von Mallnow, die deutliche Narben der Kämpfe des Zweiten Weltkriegs zeigt. Schwer beschädigte Bauernhäuser sind längst abgetragen, doch die Kirche steht noch immer als mahnende Ruine. Auf dem weiten Anger finden sich viele Parkplätze. Wer Mallnow mit der Bahn ansteuert, kann am Bahnhof Schönfließ (ODEG, Linie Bln-Lichtenberg– Frankfurt [Oder]) aussteigen, der alljährlich nur zur Adonisblüte öffnet. Wer mit dem Bus fährt, kann in Frankfurt (Oder) oder Seelow (Linie 968 der Stadtverkehrsgesellschaft Frankfurt, ☎ [0335] 56 48 60) einsteigen. Eine Einkehrmöglichkeit liegt direkt am Rand der Hänge. Gleich daneben lockt ein kleiner Nutztiergarten.

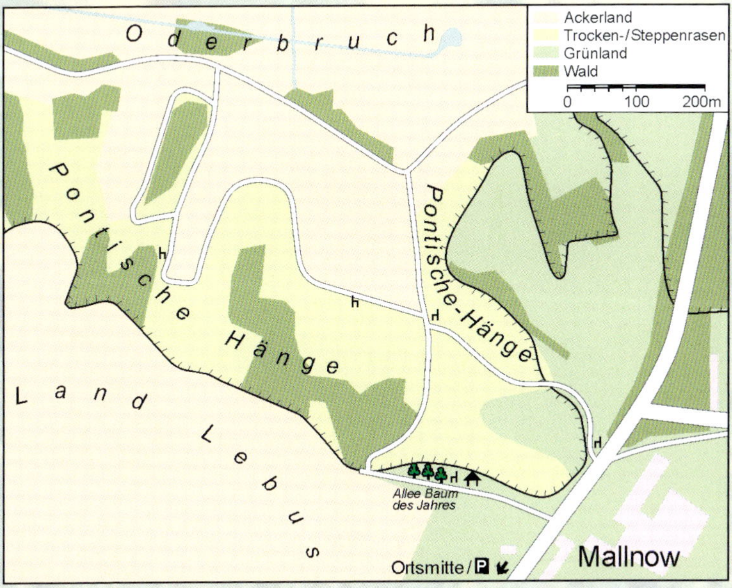

Goldene Blutstropfen

Adonisröschen-Hänge bei Lebus

In einer langen Kurve zieht sich der Weg durch den Wald zum Odertal hin. Mit jedem Schritt wächst die Spannung. Zur Steigerung am Ende noch eine enge Schlucht, dann weiten sich endlich die herrlichen Oderauen. – Der für den öffentlichen Verkehr gesperrte Fahrweg vom Parkplatz im Wald zu den Adonisröschen am Odertalrand ist einmalig. Am Ende der Schlucht ergibt sich die Möglichkeit, an Adonisröschen vorbei zur Hochfläche hinaufzusteigen. Eine unvergleichliche Aussicht bietet sich über die weite Oderaue bis hin zu den Türmen von Frankfurt (Oder). Die Landeslehrstätte Lebus (Lebuhs gesprochen) liegt am Ende des Fahrweges. Hier wurde 2007 ein 1,2 Kilometer langer Adonis-Themenpfad eröffnet.

Eine reizvolle Abwechslung bietet der Wanderweg, der weiter ins Odertal hinein- und über die Auenwiesen hinwegführt. Die Brücke über einen alten Arm der Oder steht zur Adonisblüte bisweilen noch unter Wasser, und so heißt es „Socken ausziehen“, wer hier weiter möchte.

Die Zufahrtsstraße zur Landeslehrstätte (und zum Parkplatz) zweigt einen Kilometer südlich von Lebus auf freier Strecke von der B112 ab. Am Parkplatz öffnet zur Adonisblütezeit ein Imbiss seine Pforten. Wer mit Bahn oder Bus nach Lebus möchte, muss in Frankfurt (Oder) in den Bus (Linie 968 der Stadtverkehrsges. Frankfurt, ☎ [0335] 56 48 60, Fahrtrichtung Seelow) steigen.

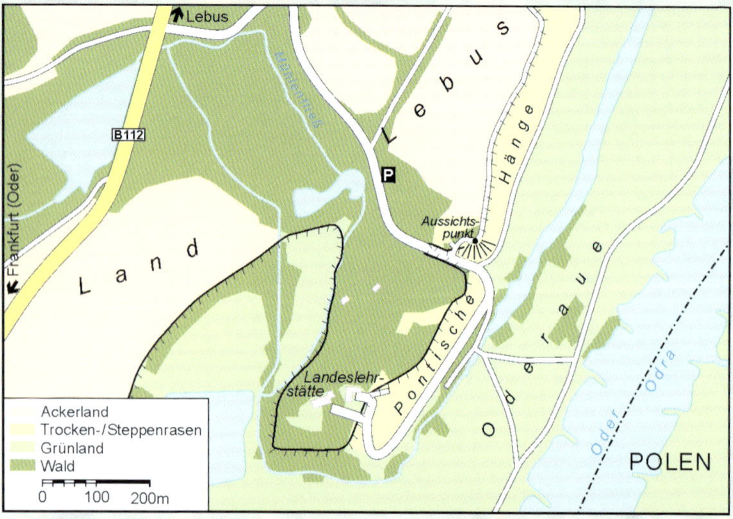

APR
WASSER UND LAND
VERSCHMELZEN

Wasser und Land verschmelzen

Der erste Schritt barfuß ist der schwierigste, wenn man noch keine Erfahrungen gesammelt hat – schwierig besonders dann, wenn das Wasser von einem Vorgänger etwas aufgewirbelt wurde und der Grund nicht mehr zu sehen ist. Kalt ist der erste Eindruck, unerwartet weich der zweite. Denn meist hat sich nach dem winterlichen Hochwasser eine dünne Schlammschicht auf dem Boden gesammelt. Hin und wieder piekt auch ein Steinchen. Tief ist es auf den ersten Schritten zwar nicht, aber das ändert sich bestimmt noch. Wer also die Hosenbeine nur bis kurz über die Knöchel hochgekrempelt hat, muss etwas nacharbeiten. Dazu Schuhe und Socken in den Händen – ein kurioses Bild, aber sicher in bleibender Erinnerung.

Winter- und Frühjahrshochwasser sind ein fester Bestandteil der märkischen Natur. Entlang der Unterläufe von Oder und Havel verschmelzen Wasser und Land jahrein jahraus für viele Wochen. Hier und da schaut ein Baum oder eine Gehölzgruppe aus dem weiten Nass, oft ist aber kilometerweit nur Wasser zu sehen, das meist an einem Deich endet. Es ist nicht sonderlich tief, an vielen Stellen könnte ein Erwachsener stehen.

Was für die Menschen, ihre Siedlungen und ihre landwirtschaftlich genutzten Flächen oft als Bedrohung angesehen wird, ist im Jahreslauf der Natur völlig normal: Zeiten mit sehr hohem Wasserstand und solche mit niedrigem. Wie immer hat auch hier die Evolution Lebewesen hervorgebracht, die genau diese extremen Situationen vertragen. Auf der Haben-Seite der Pflanzen befinden sich die reichlich im Wasser vorhandenen Nährstoffe. Denn insbesondere die

Flüsse, deren Quellen in den Mittel- oder Hochgebirgen liegen, bringen nicht nur Wasser, sondern auch Nährstoffe. Lehm, Ton und Mineralien, die im Oberlauf ausgespült wurden, setzen sich erst bei verminderter Fließgeschwindigkeit im Unterlauf ab. Auch Reste von Tieren und Pflanzen liefert das Wasser; das sind beste Dünger. Im Bereich unmittelbar am Fluss schaffen es nur kurzlebige Pflanzen, dieses Angebot zu nutzen. Schnelligkeit ist ihr Überlebenstrick: Schnell keimen, wachsen, blühen, fruchten und schließlich viele Nachkommen hervorbringen, die lange Zeit in Wartestellung bleiben können. Denn so, wie der Strom alles unter Wasser setzen kann, können in sommerlichen Hitzephasen die Ufer leicht trocken fallen. Ein Spezialist, der diese ausgesprochen schwierigen Verhältnisse bewältigt, ist der Schlammling (*Limosella aquatica*) – wo sollte ein Gewächs mit diesem Namen anders gedeihen als im natürlichen Uferbereich von Flüssen? Es gibt auch einen Fisch, der mit den mal sehr nassen, mal sehr trockenen Bedingungen klar kommt, der Schlammpeitzger (*Misgurnus fossilis*). Er kann sich bei Trockenheit im Schlamm vergraben. Ungewöhnlich ist auch seine Atmung: Das Tier kann Luft verschlucken und den Sauerstoff über den Darm ins Blut aufnehmen.

Während Schlammpeitzger und Schlammling ein kaum beachtetes Dasein am Wasser führen, fallen andere oft geradezu ins Auge: Die Schwanenblume (*Butomus umbellatus*) gehört dazu, eine bis zu andert-

Schwanenblume
(Butomus umbellatus)

halb Meter Größe erreichende Pflanze mit weißlich-rosa gefärbten Blüten. Die Schwanenblume wird von Botanikern als „Stromtalpflanze" bezeichnet, weil sie eine auffällig enge Bindung an das Wasser der Ströme zeigt. Entlang von Havel, Elbe und Oder sind die dekorativen Schwanenblumen immer wieder zu sehen. Lang anhaltende Überflutung erträgt auch die Sumpf-Dotterblume (*Caltha palustris*), eine der schönsten heimi-

Sumpf-Dotterblume
(Caltha palustris)

schen Blumen. Mit ihren tiefgelb gefärbten Blüten durchragt sie manchmal das weit überschwemmte Land.

In Bereichen, die etwas weniger von der Dynamik des Hochwassers beeinflusst werden, können sich auch Gehölze ansiedeln. Einige Weidenarten, wie die Bruchweide (*Salix fragilis*), die Silberweide (*S. alba*) und die Purpurweide (*S. purpurea*) vertragen nicht nur die länger anhaltende Überflutung, sondern auch die bisweilen starke Strömung. Ihre Blätter sind schmal – das reduziert den Widerstand –, und die weichen, biegsamen Äste machen viele Bewegungen mit. Wenn reißendes Wasser oder treibende Eisschollen doch einmal einen Ast abgebrochen haben, ist der Verlust für die Pflanze öfter sogar ein Gewinn: An der Bruchstelle treiben neue Äste, und der abgebrochene Ast kann bei günstigen Verhältnissen sogar wieder Wurzeln schlagen und zu einem neuen Gehölz heranwachsen. Diese Fähigkeiten der Weiden machen sich die Menschen schon lange zunutze. So werden die biegsamen Ruten zum Flechten genutzt, und zum Pflanzen eines neuen Baumes steckt man lediglich eine Weidenrute in den Boden. Das regelmäßige Abschneiden der Ruten lässt aus dem Baum langsam einen Kopfbaum entstehen. Eine andere, allerdings an den Rand des Aussterbens gedrängte Gehölzart der Flussauen ist die Schwarzpappel (*Populus nigra*). Für ihr Fortbestehen werden in Brandenburg enorme Anstrengungen unternommen. Dazu wurden alle Vorkommen erfasst – im ganzen Land sind es an den Ufern von Oder und Elbe gerade einmal 1000 Bäume – und an geeigneten Orten junge Schwarzpappeln gepflanzt. Im Unteren Odertal, nahe Criewen, wachsen nun vier Schwarzpappel-Bestände aus insgesamt 4000 jungen Bäumen heran, die, so die Hoffnung, gemeinsam mit anderen Neupflanzungen als einmal urwüchsiger Auenwald die Art für die

Kopfweiden in der Unteren Havelniederung nahe Havelberg

*Silberweide (***Salix alba***) an der Oder*

Zukunft retten. Das Problem der Schwarzpappel: Sie hatte jahrzehntelang das Nachsehen beim Bepflanzen von Flussufern, denn ihr wurde die Kanadische Pappel (*Populus x canadensis*) vorgezogen. Diese kann sich sogar mit der Schwarzpappel vermischen, und es entstehen so genannte Hybride, Mischungen aus beiden Arten. Eigentlich ist diese Mischfähigkeit ein besonderer Schachzug der Natur, denn so können neue Arten schnell entstehen. Bei den schwierigen, sich schnell ändernden Wuchsverhältnissen in der Flussaue ist das von großem Nutzen, denn die neu gebildeten Nachkommen können den widrigen Verhältnissen mitunter besser trotzen.

Fast überall in Mitteleuropa wurden die Flüsse mit ihren Hochwassern als Gefahr für Mensch und Kulturland angesehen und der Versuch unternommen, sie zu bändigen. Deiche schnüren den Wasserlauf mehr oder weniger eng ein, Flussschleifen wurden begradigt, die Sohle vertieft und das Gefälle über Staustufen reguliert. Im Unteren Odertal wurde ein etwas anderer Weg gegangen – konnte gegangen werden, muss es genauer heißen, denn die Geländeverhältnisse ließen hier einen anderen Weg zu. Das Tal ist zwischen Hohensaaten im Süden und etwa Mescherin im Norden recht schmal und wird von Hügeln flankiert. Siedlungen gibt es nur an den vor Hochwasser sicheren Talrändern. Die Idee nun: Die Aue, wie der wissenschaftliche Begriff des überfluteten Gebiets lautet, zwar vor sommerlichen Hochwassern schützen, die natürliche Düngung des Winter- und Frühjahrshochwassers aber zulassen. So wurden beim Ausbau des Unteren Odertals um die Wende zum 20. Jahrhundert zum einen Sommerdeiche entlang der zugleich an den östlichen Talrand verlegten Oder errichtet und zum anderen Winterdeiche geschaffen, die das winterliche Hochwasser von den Siedlungen abhielten. Das Besondere: In die Sommerdeiche wurden regelbare Durchlässe eingebaut. Sie werden im November geöffnet, und die Aue wird überflutet. Mit dem Wasser kommt der kostenlose Dünger. Im Mai werden die Wehre wieder geschlossen, das Wasser fließt von den Wiesen ab, die nun bis zum November genutzt werden können. Natürlich können die Deiche auch bei extremem Sommerhochwasser, wie etwa dem von 1997, geöffnet werden, um den Hochwasserpegel der Oder etwas zu senken.

Nationalpark Unteres Odertal
Park 2
16303 Schwedt (Oder)
OT Criewen
☎ (033 32) 2 67 70
nlp-unteres-odertal@lua.brandenburg.de

Nach der politischen Wende ergab sich, auch angesichts der Tatsache, dass ebenso wertvolle Bereiche im polnischen Teil des Unteren Odertals existieren, die Gelegenheit, dieses Naturparadies zum Nationalpark zu erklären – dem einzigen Auen-Nationalpark in ganz Deutschland. Künftig soll auf der Hälfte der 105 Quadratkilometer messenden Nationalparkfläche nur die Natur regieren. Das ist die

Untere Havelniederung bei Rübehorst (HVL)

Rückkehr der Wildnis, im Herzen Europas.

Völlig andere Verhältnisse herrschen an der Unteren Havel, einer im Winter und Frühjahr riesigen aquatischen Landschaft: Hier treffen sich drei Urstromtäler – das Eberswalder, das Berliner und das Baruther –, und das Land ist kilometerweit flach. Das ist für sich noch kein Grund für anhaltendes Hochwasser. Die Ursache liegt etwas weiter westlich: Es ist die Elbe, die, obwohl sie viele Kilometer entfernt liegt, der entscheidende Regulator ist. Führt sie viel Wasser, kann das Wasser der kleineren und gefälleärmeren Havel nicht mehr abfließen. Zwei Zahlen zum Vergleich: Im Bereich der Havelmündung liegt das Gefälle der Elbe bei etwa 15 Zentimetern pro Kilometer, das der Havel aber nur bei etwa vier Zentimetern pro Kilometer. So ist es kein Wunder, dass die Havel bei Elbhochwasser im Unterlauf stehen bleibt und über die Ufer tritt. Das ist aber nicht alles. Ist der Pegel der Elbe sehr hoch, strömt Elbwasser sogar rückwärts in die Havel und in die Havelaue. Unzählige Hochwasser hat die Elbe damit verursacht. Erste Maßnahme, diese zu verhindern, war bereits 1770/71 der Bau eines Deichs, der Elbe und Havel bis zur Mündung bei Quitzöbel trennte. 1938 wurde dann die Havelmündung quasi „abgedichtet“. In Quitzöbel entstand ein Wehr, das bei Elbhochwasser geschlossen werden konnte. So blieb die Untere Havelniederung vom Elbwasser verschont. Einerseits. Andererseits staute sich nun das Havelwasser – es konnte ja nicht abfließen. In den 1950er Jahren wurde die Havel abschließend um elf Kilometer verlängert und mündet nun an etwas tiefer gelegener Stelle in die Elbe. Die Zeit der andauernden und ausgedehnten Überflutungen der Havelaue war vorbei. Vieles ging damit jedoch verloren, vor allem Auenland und Niedermoore. Denn auch in den Lauf der Havel wurde massiv eingegriffen. Der Fluss wurde begradigt, die Ufer befestigt, das Hauptbett verbreitert und vertieft – so konnte das Hochwasser schnell abfließen. Zuletzt in den 1970er Jahren wurden um die Havel ein enges Deichkorsett geschnürt und Schöpfwerke errichtet, die aus den angrenzenden Niedermooren das Wasser abpumpten. Die konnten so in intensiv genutzte Wiesen umgewandelt werden. Unterm Strich war aus der

*Teichfrösche (*Rana *kl.* esculenta*) zur Paarungszeit*

Naturpark Westhavelland
Dorfstr. 5
14715 Havelaue OT Parey
☎ (03 38 72) 74 30
np-westhavelland@lua.brandenburg.de

MAI

Wasser und Land verschmelzen

Kiebitz (Vanellus vanellus)

MAI

Havel eine Kombination aus Wasserableiter und Wasserstraße geworden. 90 Prozent der einstigen Überflutungsflächen waren vom Fluss abgetrennt. Der gleiche Rückgang war übrigens bei den Fischbeständen zu verzeichnen. Aufwärts ging es dagegen mit der Chinesischen Wollhandkrabbe (*Eriocheir sinensis*), einem aus Asien eingeschleppten Krebs, der nur wenige Fressfeinde hat. Für einige Havelfischer ist das Tier inzwischen zur wirtschaftlichen Grundlage geworden. Der Verlust der Lebensräume und der Arten-Rückgang gehen leise, von der Öffentlichkeit meist wenig beachtet, vonstatten. Wer bemerkt schon, wenn spezialisierte Insekten, wie eine Reihe von Libellenarten, oder Wiesenvögel wie der Große Brachvogel (*Numenius arquata*), nicht mehr in der Havelaue leben? Auch der Rückgang der Froschbestände fiel zunächst kaum auf. Doch als die Frösche weg waren, blieb plötzlich einer aus, der unter Beobachtung stand: Der Weißstorch (*Ciconia ciconia*). Die leeren Nester blieben keinem verborgen. In Parey, dem bis in die 1960er Jahre mit 21 Brutpaaren storchenreichsten Dorf der Unteren Havelniederung, ging der Bestand auf zwei bis vier Paare zurück.

Wie im Unteren Odertal boten die politischen und wirtschaftlichen Veränderungen mit der Wiedervereinigung Deutschlands auch an der Unteren Havel die Möglichkeit, der Natur einiges von dem zurückzugeben, was ihr genommen worden war. Mit dem Naturpark Westhavelland wurde eine Institution geschaffen, die die Kräfte bei den Anstrengungen bündeln kann. Mit im Boot: der NABU, der als Träger der Renaturierung auftritt. Zwischen Pritzerbe und Quitzöbel erhält der Fluss wieder natürliche Ufer, werden isolierte Altarme angeschlossen und Überflutungsflächen zurückgegeben. Dann wird sich an vielen Stellen der Havelaue die Möglichkeit ergeben, im Frühjahr weithin Hochwasser zu sehen und hie und da barfuß durch das flache Wasser zu waten. Und die Bestände selten gewordener Tierarten wie Biber (*Castor fiber*) und Fischotter (*Lutra lutra*), Kiebitz (*Vanellus vanellus*) und Großer Brachvogel, Flussneunauge (*Lampetra fluviatilis*) und Schlammpeitzger (*Misgurnus fossilis*) werden wieder wachsen.

Renaturierung
Untere Havelniederung
NABU-Projektbüro
Dorfstr. 5
14715 Havelaue OT Parey
Andreas.Loebe@NABU.de
www.NABU.de/unterehavel

Im Nationalpark Unteres Odertal

Das gesamte Untere Odertal ist ab November voller Wasser – und die Polder bei Frost voller Eis. Nach dem Schließen der Wehre im Mai bietet sich Mitte / Ende des Monats die Gelegenheit, eine kombinierte Schuh-barfuß-Wanderung zu machen. Bei Gatow und der Wildnisschule Teerofenbrücke führen Sommerwege zum Oderstrom; diese Wege stehen in dieser Jahreszeit nun mehr oder weniger unter Wasser. Gatow und die Wildnisschule Teerofenbrücke liegen nördlich von Schwedt. Autofahrer nehmen die B2 in Richtung Gartz und folgen den Hinweisen nach Gatow / zur Wildnisschule. Wer mit dem Fahrrad anfahren möchte, darf in Schwedt noch nicht in die Talaue fahren – an der Schwedter Querfahrt gibt es keine Brücke!

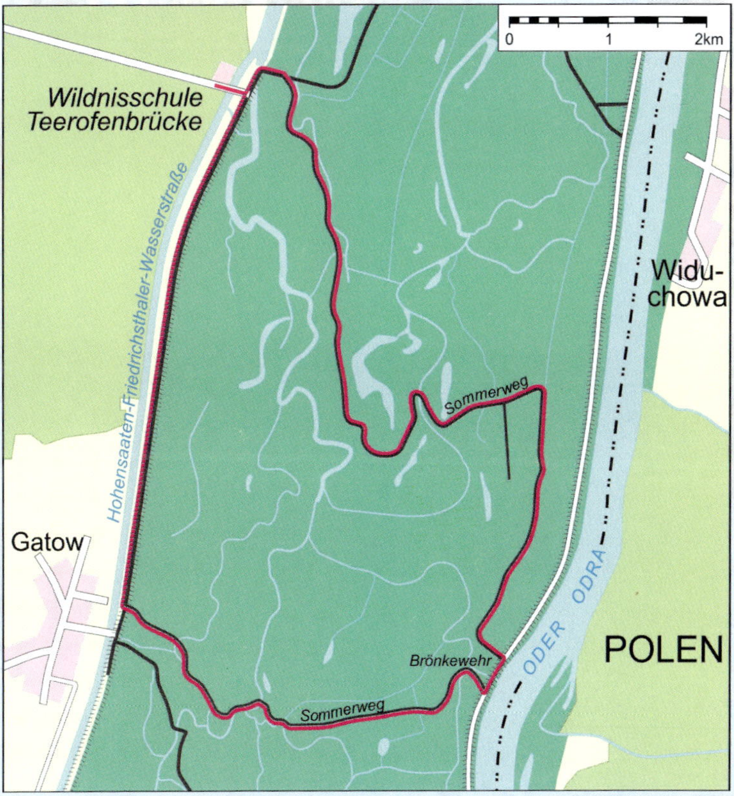

Wasser und Land verschmelzen

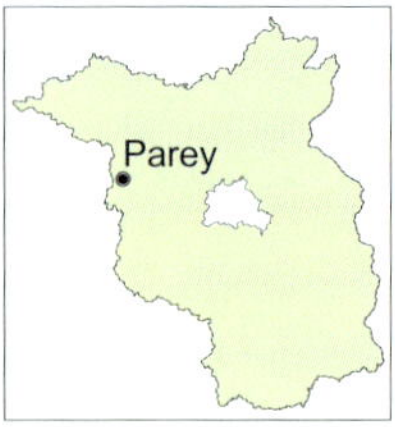

In der Großen Grabenniederung

Land unter heißt es im Winter und Frühjahr in der Unteren Havelniederung. Rund um Parey, wo die Verwaltung des Naturparks Westhavelland ihren Sitz hat, hat man an vielen Stellen gute Einblicke in die weite Landschaft, in der sich Graugänse, Kraniche und verschiedene Gänsearten aufhalten. Die Wege von Parey nach Hohennauen und nach Gülpe verlaufen auf einem Deich. Anders der Weg nach Wolsier, der mitten durch die Große Grabenniederung führt. Er ist ab November nicht mehr passierbar und wird im April jeden Tag etwas deutlicher erkennbar. Parey liegt nördlich von Rathenow und ist über die B102 (Rathenow – Rhinow) erreichbar, die durch Hohennauen führt. Hier abbiegen nach Parey. Ornithologisch reizvoll ist der Gülper See. Im Herbst rasten hier tausende nordischer Gänse.

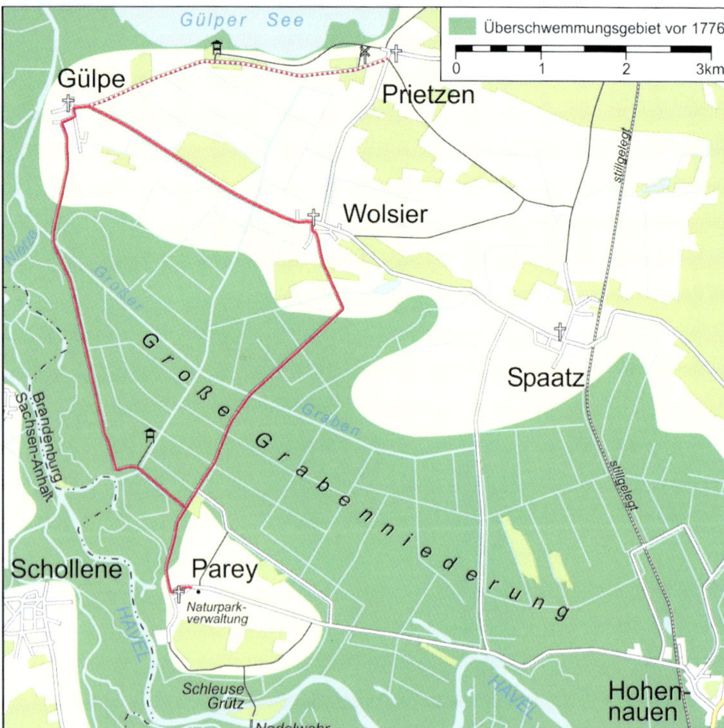

DÜNENSAND IM BINNENLAND

Dünensand im Binnenland

Wanderdüne auf dem ehemaligen Truppenübungsplatz Jüterbog

JUNI

1990. Die Sonne lacht zwischen Jüterbog und Luckenwalde. Ein Lkw mit großem roten Stern auf Motorhaube und Türen kommt donnernd vorbei. 40.000 GUS-Soldaten sind in der Gegend stationiert. Altes Lager, Neues Lager, Jüterbog II und Forst Zinna heißen ihre Kasernenstädte, zusammen die wichtigste Militärbasis der GUS in Deutschland.

Eine Gruppe deutscher Fachleute trifft sich mit einer Delegation der GUS-Streitkräfte. Ihr Ziel: Der militärische Übungsplatz Jüterbog. Ein gigantisches Areal zum Kriegsspiel, 13 Kilometer lang, bis zu 11,5 Kilometer breit, eine Fläche von fast einhundert Quadratkilometern. Keine öffentliche Straße führt hindurch, das Betreten ist natürlich streng verboten. Die Deutschen wollen einen Eindruck vom Übungsplatz bekommen, von seiner Landschaftsgestalt, der Natur, den Belastungen und Zerstörungen. Dahinter steht staatliches Interesse von höchster Stelle. Der letzte DDR-Verteidigungsminister, Rainer Eppelmann, gleichzeitig auch Abrüstungsminister, hatte den Vorschlag des Zentralen Runden Tisches aufgenommen, die Naturausstattung der großen sowjetischen Truppenübungsplätze (TÜPs) zu untersuchen, um deren Naturschutzwürdigkeit zu ermitteln.

Es war ein offenes Geheimnis, dass die Militärübungen einerseits ungeheure Zerstörungen angerichtet hatten, andererseits aber auch Platz für äußerst seltene Tier- und Pflanzenarten schufen – auf Flächen von unvorstellbarer Größe, von keinem öffentlichen Verkehrsweg zerschnitten und frei von Land- und Forstwirtschaft. Diese Naturschätze zu zeigen und damit öffentlich zu machen, empfing der Oberst der GUS-Truppen die DDR-Delegation.

Große Überraschung rief im Rahmen der Besichtigung schließlich eine riesige Düne hervor, die sich langsam ansteigend um gut acht Meter aus der Sandwüste erhob und am Ende, an der alten Pflasterstraße von Forst Zinna nach Frankenfelde, steil abfiel. Jahr für Jahr musste die Straße vom Sand befreit werden, denn die Düne war, gespeist vom Sand der riesigen Flugsandfläche davor, wieder in Bewegung geraten. Aktive Wanderdünen wie diese gab es im mitteleuropäischen Binnenland nicht. Allenfalls in der Literatur wurde von wandernden Dünen berichtet, etwa von den Kleinen Skabybergen und den benachbarten Swatzkebergen bei Spreenhagen aus den 1930er Jahren, auch auf einem alten Truppenübungsplatz.

Echte Wanderdünen gab es zuletzt am Ende der letzten Eiszeit, vor etwa 16.000 Jahren, als der Temperaturdurchschnitt um 10°C unter dem heutigen lag. Das Land war karg, nur wenige Pflanzen siedelten auf den sandigen, offenen Böden. Wenn es regnete oder die eisigen Winter, die den Boden tief gefrieren ließen, dem Ende zugingen und der Boden langsam wieder taute, versickerte nur wenig Wasser im Erdreich – vieles floss oberirdisch ab. Pflanzenwurzeln, die das Wasser aufnehmen oder Moore, die es hätten aufsaugen können, gab es nicht. Und dann der oft stürmische Wind. Wo lockerer

Reste der militärischen Nutzung sind oft gegenwärtig und Grund für Betretungsverbote

Sand lag, wirbelten die Stürme ihn auf und trugen ihn fort. Hatten es Pionierpflanzen vielleicht doch einmal geschafft, in wärmeren Phasen Wurzeln zu schlagen, verschwanden sie schnell wieder unter dem Flugsand, den der Wind sogar zu Hügeln auftürmte. Dünen im Binnenland, nicht nur am Meeresstrand. Die Dünen wanderten mit dem Wind. Kam er von Westen, was die Regel war, wanderten sie nach Osten. In manchen Ge-

JUNI

genden des Landes reihten sich die Sandberge fast bis zum Horizont auf. Auf der windzugewandten Seite, dem Fuß, sanft ansteigend, auf der windabgewandten, der Stirn, dagegen steil abfallend. Bis zu 20, 30 Meter erhoben sich die Dünen.

Wer heute in Horstwalde, einem Ort am Rand des Baruther Urstromtals zwischen Luckenwalde und Baruth, durch den Wald wandert, kommt aus dem Staunen nicht raus – und wird unter Umständen nach Luft schnappen, wenn er zum wiederholten Male durch den tiefen Sand eine steile Düne hinaufgestiegen ist und, oben angekommen, den nächsten Aufstieg erneut vor sich sieht – ein Bild wie vor Jahrtausenden. Im gesamten Baruther Urstromtal, das sich vom Fiener Bruch in Sachsen-Anhalt über die Belziger Landschaftswiesen, Teile der Nuthe-Nieplitz-Niederung, den besagten Städten Luckenwalde und Baruth über Golßen bis in den Spreewald zieht, sind auffällig viele Dünen, ja sogar ganze Dünenfelder zu sehen. Nur: Die Dünen heute wandern nicht mehr, denn ihr Sand wird von Pflanzenwurzeln festgehalten. Dieses Los traf jede Wanderdüne in der ausklingenden letzten Eiszeit, im Übergang zur heutigen Warmzeit. Pflanzen und Dünen standen in einem heftigen Kampf: Der Sand wurde vom Wind angetrieben, von den Pflanzenwurzeln dagegen festgehalten. Zunächst schüttete der aufgewirbelte Sand, angetrieben von andauernden Stürmen, die junge Vegetation gleich wieder zu. Ohne Licht kein Wachstum, die Pflanzen waren also

Pioniere auf Offensand: Haarmützenmoos und Schafschwingel

Dünen-Kiefernwald

verloren. Sie hatten jedoch die Klimaverbesserung, stärkere Niederschläge und steigende Temperaturen auf ihrer Seite und gewannen den Kampf schließlich. Zunächst waren es Spezialisten, die den Sand festigten und eine erste Mutterbodenschicht bildeten. Sie bereiteten damit sprichwörtlich den Boden für andere Gewächse, die die Spezialisten langsam verdrängten. Am Ende wuchsen Bäume wie Birken (*Betula pendula*), Eichen (*Quercus spec.*), Kiefern (*Pinus sylvestris*) und auch Rotbuchen (*Fagus sylvatica*) oder Winterlinden (*Tilia cordata*) auf den Dünen, die nun nur noch an ihrer Form zu erkennen waren. Für viele Jahrhunderte blieb das so, und es bedurfte gravierender Eingriffe in den Naturhaushalt, dass man heute wieder über offenen Dünensand gehen kann und sogar der sensationelle Zustand eintrat, eine Düne wieder zum Wandern zu bringen.

Einer dieser gravierenden Eingriffe war die Rodung von Wäldern bereits im ausgehenden Mittelalter. Holz war nötig für den Bau von Dachstühlen und ganzen Gebäuden, von Schiffen und vor allem zum Feuern. Es trieb die häuslichen Kamine und Öfen an und wurde u.a. zum Brennen von Ton, zum Herstellen von Glas oder zum Schmelzen von Metall gebraucht. Der entscheidende Unterschied zur heutigen Zeit: Niemand kümmerte sich um den Holznachwuchs. Aus den Wäldern und Heiden wurde entnommen, was Mutter Natur lieferte. Obendrein wurde auch die Laub- und Nadelstreu der Bäume aufgesammelt und wanderte als Streu in die Ställe. Exkremente der Tiere wurden so aufgesogen, und das

Ganze wanderte später als wertvoller Dünger auf die Äcker. Viele einstige Wälder Brandenburgs wurden so zu lichten Beständen, auf denen nur noch wenige kümmerliche Bäume wuchsen. Wurde nun noch die Streuschicht entfernt, trat wieder der bloße Sandboden hervor – erstmalig seit der letzten Eiszeit.

Im 18. Jahrhundert setzte nun noch eine andere Landnutzung ein, anfangs mit nur spärlichen, doch im Lauf der Zeit mit immer deutlicheren Folgen für Natur und Landschaft: Die militärische Nutzung. Der Soldatenkönig baute in Preußen ein riesiges stehendes Heer auf – in Friedenszeiten wohlgemerkt, die Soldaten zogen unter seiner Führung nie in den Krieg. Für die militärische Ausbildung war ein abgeschiedener Platz nötig. Anfangs lag er noch dicht an den Garnisonsstädten, wie etwa das heute bei Erholung Suchenden beliebte Bornstedter Feld. Das einstige Kernstück der Bundesgartenschau in Potsdam im Jahr 2001 war ein alter Schießplatz. Die Waffentechnik entwickelte sich rasch, und so wurde das Bornstedter Feld bald zu klein. Bei der Suche nach größeren Übungsplätzen in der näheren Umgebung Potsdams empfahl sich die Döberitzer Heide. Schon unter den Augen des Soldatenkönigs exerzierten hier Truppen, 1753 waren es bei Friedrich dem Großen gar 44.000 Mann, wie ein großer Gedenkstein am Rand des Geländes heute noch anzeigt. 1892 entstand unter Kaiser Wilhelm II.

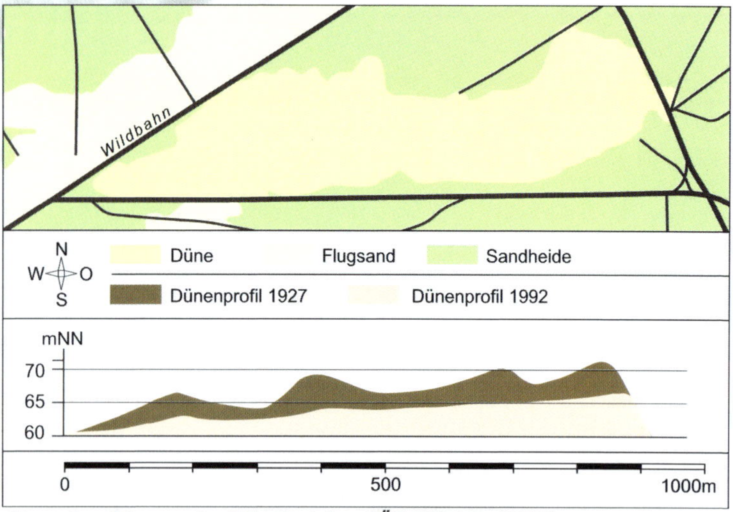

Oben: Ausdehnung der Düne auf dem TÜP Jüterbog (2003)
Unten: Änderung des Profils der Düne (aus: Beutler, H.: Landschaft in Neuer Bestimmung. 2000. verändert)

schließlich ein riesiger Übungsplatz, für den sogar das Dorf Döberitz weichen musste. Im 19. und 20. Jahrhundert, ja sogar noch nach 1945, wurden im ganzen Land viele Schießplätze angelegt, etwa bei Jüterbog, Kummersdorf, Wünsdorf, Lehnin, Zehdenick, Storkow, Wittstock, Neuruppin und Lieberose. Der Weiterentwicklung der Waffentechnik entsprechend mussten die Plätze immer wieder vergrößert werden. Auf Bahnen von mehreren Kilometern Länge konnte das Schießen mit Kanonen geübt werden, im hügeligen Gelände das Fahren mit Kettenfahrzeugen – ohne Rücksicht auf die Natur. Mancherorts wurden sogar aus Flugzeugen Bomben abgeworfen oder Raketen abgeschossen. Feuer, Granateinschläge und Fahrübungen zerstörten die Pflanzendecke und den Boden. Spätestens nun schlug die Wiedergeburtsstunde der Offensandflächen. Jahrzehntelanges Üben mit zigtausenden Granaten und Panzern ließ in einer Reihe großer Sperrgebiete wahre Wüsten entstehen. Stürme konnten den Sand aufwirbeln, umlagern und in die Ferne verfrachten. Dünen entstanden bisweilen ganz neu und frühere Wanderdünen, wie die auf dem TÜP Jüterbog, wurden wieder aktiv.

Für das ungehinderte Wandern einer Düne müssen drei Voraussetzungen erfüllt sein: Sand muss aus der Umgebung angeliefert werden, und die Düne muss frei von Pflanzen sein. Deren Wurzeln würden den wandernden Sand festhalten. Schließlich ist Wind aus einer Hauptrichtung nötig.

*Soldatensegge (*Carex arenaria*)*

Die Jüterboger Wanderdüne bewegte sich nach Osten. Selbst bis in das fünf Kilometer entfernte Luckenwalde wurde der Sand bei starken Stürmen geweht. Für die Natur ist der Lebensraum Düne eine große Herausforderung. Scheint die Sonne, wird es schnell heiß, ist sie wieder verschwunden, kann es rasch sehr kalt werden. Wer einmal an einem sonnigen Sommertag zur Mittagszeit barfuß über den hellen Dünensand gelaufen ist, wird ein Lied davon singen können. Der Dünensand ist zudem

Vom Wind freigelegter Dünentisch

Dünensand im Binnenland

Sand-Strohblume (Helichrysum arenaria)

sehr arm an Nährstoffen und speichert fast kein Wasser. Doch auch hier hat die Natur eine Lösung gefunden. Wenn das Wasser nicht direkt verfügbar ist, muss es herbeigeschafft werden. Ein Gras, genau genommen eine Segge, hat die Lösung parat: Von Orten, an denen die Wasserversorgung ausreichend ist, schickt sie Vorboten auf den Dünensand. Unterirdische Ausläufer arbeiten sich voran und bilden in ganz regelmäßigen Abständen Tochterpflanzen. Die Regelmäßigkeit ist so auffallend, dass mancher sich an marschierende Soldaten erinnert fühlt, sieht er das Gewächs. Das wurde trefflich „Soldatensegge" (*Carex arenaria*) genannt. Die unterirdischen Verbindungen halten nicht nur die Wasserversorgung aufrecht, sie festigen gleichzeitig auch den Sand. Kommen viele Soldatenseggen eine Düne hochmarschiert, schaffen sie es womöglich, die Düne aufzuhalten. Dann kann sich, wenn auch sehr langsam, eine Bodenschicht bilden, die schließlich wieder etwas Wasser speichern kann. Die Soldatensegge ist damit ein Pionier. Ihr folgen andere Gräser, wie der Schafschwingel (*Festuca ovina*) oder das Silbergras (*Corynephorus canescens*), beides wahre Künstler im Wassersparen. Auch ein Moos ist auf den offenen Sand spezialisiert, das Glashaartragende Haarmützenmoos (*Polytrichum piliferum*). Wassersparen heißt auch die Devise beim Kleinen Habichtskraut (*Hieracium pilosella*), das nun Fuß fassen kann. Wer die kräftig schwefelgelb gefärbten Blüten der niedergedrückt wachsenden Pflanze einmal gesehen hat, wird über die Farbenfreude an diesem Extremstandort erstaunt sein. Und wer ganz genau hinsieht, wird auch die dichte Behaarung erkennen – ein Verduns-

Zaun-Eidechse (Lacerta agilis)

JUNI

tungsschutz. Ganz ähnlich ist es bei der Sand-Strohblume (*Helichrysum arenaria*); der Name klingt förmlich nach Trockenheit. Sie hat gelbe Blüten und wirft welke, vertrocknete Blätter nicht verschwenderisch ab, sondern behält sie an der Pflanze – ein weiterer Trick, die Verdunstung zu verringern.

Natürlich gibt es auch eine besondere Dünen- und Sand-Fauna. Manches Tier verrät schon am Namen, welchen Lebensraum es benötigt, etwa die Dünen-Springspinne (*Yllenus arenarius*), die ihr Opfer mit einem Sprung fängt. Der Dünen-Sandlaufkäfer (*Cicindela hybrida*) kommt auch in angrenzenden lichten Wäldern vor. Seine Larven leben in Röhren im Boden und fressen u.a. Ameisen. Bei Gefahr zeigt der Käfer, dass er wirklich ein Laufkäfer ist: bis zu 50 Zentimeter pro Sekunde kann er schnell werden. Die Larve der Dünen-Ameisenjungfer (*Myrmeleon bore*), im Larvenstadium Ameisenlöwe genannt, gräbt Fangtrichter in den Sand und lauert am Trichterboden auf zufällig hineinfallende Insekten. Auf den weiten Flugsand- und Heideflächen sind seltene Vogelarten wie Flussregenpfeifer (*Charadrius dubius*), Ziegenmelker (*Caprimulgus europaeus*), Brachpieper (*Anthus campestris*), Steinschmätzer (*Oenanthe oenanthe*) und Wiedehopf (*Upupa epops*) heimisch.

Viele der großen Militärübungsplätze in Brandenburg sind nach 1994 unter Naturschutz gestellt worden. Die bisweilen gehegte Hoffnung, es könnte sogar ein Nationalpark geschaffen werden, blieb aber bislang unerfüllt.

Pflege der Heidekraut-Landschaft durch Rodung des Kiefernaufwuchses auf dem ehemaligen TÜP Tangersdorfer Heide (UM)

Düne auf dem früheren TÜP Jüterbog

2000 wurde die Stiftung Naturlandschaften gegründet, der verschiedene öffentliche und private Organisationen angehören, u.a. das Brandenburger Umweltministerium, die Zoologische Gesellschaft Frankfurt am Main, der NABU, der WWF und der Landschafts-Förderverein Nuthe-Nieplitz-Niederung. Über eingeworbene Spenden wurden rund 12000 Hektar der früheren sowjetischen Übungsplätze Jüterbog, Heidehof und Lieberose erworben, um sie auf größt möglicher Fläche den Kräften der Natur zu überlassen. Die Stiftung leistet damit einen wertvollen Beitrag zur Umsetzung des nationalen Vorhabens, bis zum Jahr 2020 zwei Prozent der Landesfläche Deutschlands als Wildnis zu schützen.

Für die Menschen soll die entstehende Wildnis erlebbar gemacht werden. Wege, aufwändig entmunitioniert, wurden und werden angelegt. Die Entmunitionierung ist dringend erforderlich: Beim Beräumen von acht Hektar Sandheide am Kopf der Düne wurden u.a. sechs Granaten und eine Mine geborgen. Ein Weg soll künftig um die Jüterboger Düne herumführen, die weiterhin von Bewuchs freigehalten wird – eine Schafherde hilft dabei. Der neben der Düne liegende Wurzelberg wird dann zum Aussichtspunkt, und Besucher können den Unterschied zwischen dem neu entstehenden Urwald und den durch Beweidung und Mahd freigehaltenen Flächen rund um die Düne mit eigenen Augen ansehen. Wer das übrige Gelände kennen lernen möchte, kann an einer geführten Exkursion der Stiftung Naturlandschaften teilnehmen.

Stiftung
Naturlandschaften Brandenburg

Stiftung Naturlandschaften Brandenburg
Schulstr. 6, 14482 Potsdam
☎ (0331) 7 40 93 22
info@stiftung-nlb.de
www.stiftung-nlb.de

JUNI

EINTAUCHEN IN
GLASKLARES WASSER

Eintauchen in glasklares Wasser

Glasklares Wasser und Sandstrand: Badespaß am Stechlinsee bei Neuglobsow

JULI

„Eine Schlange!", ruft ein Kind plötzlich aus. Im Nu kehrt Ruhe an der Sonnenbucht am Stechlin ein. Gleich mehrere Augenpaare richten sich auf das Tier, das geschickt über die Wasseroberfläche gleitet. Die geballte Aufmerksamkeit ist dem Reptil dann wohl zu viel. Obwohl schon ein ganzes Stück entfernt, taucht es ab. Die Augenpaare gucken weiter gespannt auf das Wasser, möchte jeder doch zuerst das Tier auftauchen sehen. Dann ein abrupter Aufschrei. Er gilt jedoch nicht der Ringelnatter, sondern einem im Sturzflug heranrasenden Greifvogel. Mit nach vorn gestreckten Fängen taucht der Vogel ins Wasser ein, wohl der Schlange nach. Für einen Moment ist nur aufspritzendes Wasser zu sehen, dann steigt der Vogel mit schweren Flügelschlägen wieder in die Lüfte. Ohne Schlange. „Das war ein Fischadler", erklärt ein im Wasser stehender, etwas überrascht dreinblickender Vater.

Bild S. 69: Schnorchler in der Unterwasserwelt des Stechlins (Foto: Michael Feierabend)

Der Stechlin, wie der Große Stechlinsee meist der Einfachheit halber bezeichnet wird, ist für viele Überraschungen gut. So wurde lange Zeit verkündet, er sei 68 Meter tief – das ist märkischer Rekord. Vor einigen Jahren dann die überraschende Berichtigung. 69 und einen halben Meter misst der Stechlin an der tiefsten

Stelle. Das entspricht der Höhe eines 23-stöckigen Wohnhauses. Da der Stechlin 60 Meter über Normalnull liegt, reicht der Grund folglich fast zehn Meter unter das Meeresspiegelniveau. Die Kraft der eiszeitlichen Gletscher, die das Seebecken geformt haben, war also immens. Ob nun 68 oder 69,5 Meter – die Tiefe ist für norddeutsche Verhältnisse unglaublich. Unglaublich auch die Qualität des Wassers. Es hat Trinkwasserqualität und ist so klar, dass das Licht bis in Tiefen von 30 Metern dringt. Die Durchsichtigkeit des Wassers hat dem See vermutlich auch zu seinem Namen verholfen. Der soll aus slawischer Zeit stammen, denn in der Sprache der Slawen heißt „steklo" Glas, der Stechlin war also der „Gläserne".

Eine große Überraschung, schon fast eine kleine Sensation, gab es zuletzt 2003, als in den Tiefen des Sees ein Fisch identifiziert wurde, den es nur hier gibt. Es ist ein Abkömmling der Kleinen Maräne (*Coregonus albula*), einer Fischart der klaren Gewässer, die in vielen Seen Nordbrandenburgs vorkommt – in Mengen, die sogar eine wirtschaftliche Nutzung zulassen. In anderen Teilen Deutschlands ist die Kleine Maräne bereits ausgestorben oder am Rand des Aussterbens – da ist an Fangen nicht zu denken. Anders also am Stechlin, wo die Kleine Maräne als regionale Spezialität gehandelt wird und beim Fischer in Neuglobsow fangfrisch verzehrt werden kann. Wenn der Fischer den Räucherofen in Gang setzt, ziehen weiße Rauchschwaden

*Flugbild vom Fischadler (*Pandion haliaetus, *links) und Seeadler (*Haliaeetus albicilla, rechts*) im Vergleich. Der Fischadler ist kleiner als der Seeadler, beim Seeadler fällt vor allem der keilförmige, weiße Schwanz auf.*

über den See und locken Touristen wie Einheimische zum Imbiss.

Zurück zur Maräne: Forscher haben in aufwändigen Untersuchungen herausgefunden, dass eine schon seit Jahrzehnten bekannte Form der Kleinen Maräne, die nur in den Tiefen des Sees lebt, als eigene Art anzusehen ist, eine Art, die nur im Stechlinsee vorkommt. Bis dahin wurde sie als Luzin-Maräne bezeichnet. Im Breiten Luzin bei Feldberg, wenige Kilometer nördlich von Lychen in Mecklenburg-

*Frisch geräucherte Kleine Maränen (*Coregonus albula*)*

Vorpommern, wurde in den 1930er Jahren erstmals eine Maräne entdeckt, die in Tiefen unter 30 Metern lebt – das klare Wasser macht es auch hier möglich.

Nun gab es jedoch die großartige Entdeckung, dass die Tiefenform des Stechlins nicht identisch ist mit der des Breiten Luzins. Erst molekularbiologische Untersuchungen haben diese Erkenntnisse ans Tageslicht gebracht. Das ist eine Sensation, denn es ist der erste Fall, dass eine Art nur in Brandenburg existiert. Wer anderer sollte Pate bei der Namensgebung dieser Art sein als Theodor Fontane? So ist in der Systematik der Fische heute eine Fontane-Maräne (*Coregonus fontanae*) verzeichnet. Sie hat sich seit der letzten Eiszeit aus der Kleinen Maräne entwickelt.

Die letzte Eiszeit, die vor rund 16.000 Jahren im Norden Brandenburgs auszuklingen begann, war der Baumeister des Stechlinsees. Die Kräfte des Eises und des Schmelzwassers haben hier besonders vielfältig gewirkt. Zwei vom Schmelzwasser ausgespülte Rinnen ziehen sich durch den See und kreuzen sich dort sogar. So ist der Umriss des Sees nicht glattrandig, es können vielmehr vier Buchten unterschieden werden. Wer den See umwandert, wird staunen, wie lang der Weg ist: 16 Kilometer. Bei kreisrundem Umriss wären es nur siebeneinhalb Kilometer.

In mehreren Absätzen fällt der Seegrund immer wieder steil ab, sodass im Zentralen Becken die bereits erwähnte Tiefe von fast 70 Metern erreicht wird. Diese Tiefe des Stechlins,

Der Lübbesee bei Templin (UM) wird mit einer sommerlichen Sichttiefe von 3,5 bis 4,5 Metern als „mäßig nährstoffreich" eingestuft

Roofensee an der Badestelle am Wallberg bei Menz (OHV)

verbunden mit einer Größe von über vier Quadratkilometern und dem Umstand, dass es keine natürlichen Zuflüsse gibt, sind der Grund für die außerordentliche Qualität des Wassers.

Größere Tiefe und keine einmündenden Fließgewässer – das zeichnet auch eine Reihe anderer Seen in Brandenburg aus. Und so gibt es weitere Klarwasserseen, einige sogar in enger Nachbarschaft zum Stechlin, wie den Peetschsee bei Steinförde, den Roofensee bei Menz, den Wittwesee bei Rheinsberg oder den Großen Wummsee bei Flecken Zechlin. Auch einige Seen in der Schorfheide sind wegen ihres klaren Wassers sehr beliebt: der Große und Kleine Vätersee sowie der Große Gollinsee. Ganz in der Nähe lockt der Lübbesee bei Templin Jahr für Jahr Tausende zum Baden – Fischbeobachtungen beim Tauchen eingeschlossen. Und auch der südliche Teil des nahe Angermünde liegenden Parsteiner Sees, der etwa den Pehlitzwerder umspült, wird zu den Klarwasserseen gerechnet. In der Mitte und im Süden Brandenburgs sind Klarwasserseen eine sehr große Seltenheit. Manches der zurzeit in der Flutung befindlichen Tagebaurestlöcher wird jedoch künftig als Klarwassersee die Natur bereichern.

Wissenschaftlich gesehen sind die Klarwasserseen nährstoffarme Seen. Dazu etwas Gewässerökologie: Wissenschaftler unterteilen Seen bisweilen nach der Aktivität und dem Vorkommen von Wasserpflanzen. Die Gewächse produzieren mittels Fotosynthese Sauerstoff, das Lebenselixier vieler Lebewesen im Wasser. Ist

Eintauchen in glasklares Wasser

Taucher an der Badestelle bei Neuglobsow

das Wasser klar, können Wasserpflanzen noch in großen Tiefen gedeihen, da das zur Fotosynthese nötige Licht bis tief hinab in den See einstrahlt. Die vielen Pflanzen geben folglich viel Sauerstoff ins Wasser ab. So können in Klarwasserseen sogar am Grund des Sees Fische leben, denn selbst hier steht noch ausreichend Sauerstoff für sie zur Atmung zur Verfügung. Anders in einem See mit trübem Wasser. Hier erreicht das für die Pflanzen nötige Licht kaum Tiefen über zwei oder drei Meter, folglich können auch nur wenige Tiere in größeren Tiefen leben – und die pflanzliche Aktivität ist vergleichsweise gering. Die Produktivität der Pflanzen und damit auch der Sauerstoffgehalt zeigt von See zu See also eine große Bandbreite. In einem nährstoffarmen, klaren und, wie es im Fachjargon heißt, oligotrophen See ist sie hoch, in einem nährstoffreichen, trüben, eutrophen See dagegen gering. Hiervon leitet sich übrigens der Begriff „Eutrophierung" ab, der oft im Zusammenhang mit der Überdüngung oder der sommerlichen Algenblüte in manchen Seen fällt.

In den Klarwasserseen spielen weder Überdüngung noch Algenblüte eine Rolle – eigentlich; denn menschliche Eingriffe, angefangen vom Abholzen der Uferwälder bis zur Einleitung von schmutzigem Abwasser, haben aus manchem nährstoffarmen See einen nährstoffreichen gemacht. Auch im Stechlin hat sich in den letzten Jahrzehnten die Wasserqualität verschlechtert, wofür zum einen der Betrieb des Kernkraftwerks Rheinsberg verantwortlich war, zum anderen ein kleiner Zufluss, der vom Dagowsee zum Stechlin angelegt wurde. In den Dagowsee sind die Abwässer der in den 1930er Jahren zu Erholungsorten avancierten Orte Dagow und Neuglobsow geleitet worden. Zu DDR-Zeiten verbrachten Tausende hier ihren Urlaub. Mit dem Bau eines Klärwerks und der Abschaltung des Kernkraftwerks – es ist der erste Rückbau einer Atomanlage in Deutschland, der an keiner anderen Stelle besser hätte einsetzen können als am Stechlin – wurde die Verschlechterung der Wasserqualität gestoppt. Wer also die Taucherbrille aufsetzt und ein bisschen in die Tiefen des Sees hinabtaucht, wird mit unvergleichlichen Eindrücken belohnt. Verschiedene Arten von Unterwasserpflanzen siedeln am Seegrund, darunter recht häufig das Glänzende Laichkraut (*Potamogeton lucens*).

Der Name der Pflanze spiegelt die Vorliebe einiger Fischarten bei der Ablage des Laichs an der Pflanze wider – auch als Versteck werden die Laichkraut-Dickichte gern genutzt. Ebenfalls ein Unterwasser-Bewohner ist das Hornblatt (*Ceratophyllum demersum*), dessen fein verzweigte Blätter auch außerhalb des Wassers nicht zusammenfallen, da sie, so auch der Name, hornartig verstärkt sind. All diesen Pflanzen gemein ist, dass sie nur bei geringer Wassertiefe den Seeboden besiedeln können. Das hat einen einfachen Grund: Der mit der Tiefe zunehmende Wasserdruck presst die Stängel und Blätter zusammen, und ab einer gewissen Tiefe halten die Pflanzen dem Druck im wahrsten Sinne des Wortes nicht mehr stand. Da sind ihnen andere voraus: Armleuchter-Algen, hoch entwickelte Algen, die im Aufbau den Schachtelhalmen ähneln. Sie können Größen bis zu 40 Zentimetern erreichen, bilden regelrechte „Unterwasser-Wiesen" und werden wegen ihres regelmäßigen Aufbaus flüchtig gesehen leicht mit höheren Pflanzen verwechselt. So ist der Stechlin unter Botanikern vor allem wegen der großen Armleuchter-Algen-Bestände bekannt. Bereits dicht an der Wasseroberfläche, an windexponierten Stellen, gedeiht die Raue Armleuchter-Alge (*Chara aspera*). Etwas tiefer siedelt die Fadenförmige Armleuchter-Alge (*Chara filiformis*). Bis in Tiefen von 20 Metern dringt schließlich die Biegsame Armleuchter-Alge (*Nitella flexilis*) vor. Typisch für die Armleuchter-Algen ist ein hoher Kalkgehalt ihrer Zellen. Das erkannten unsere Vorfahren, und sie sammelten die Algen aus dem See, um sie als Kalkdünger auf den Äckern zu verteilen.

Einen Röhricht- oder Schwimmblattgürtel sucht man am Stechlin oft vergebens. Nur in flacheren Buchten leitet ein schütterer Schilfgürtel vom Land zum Wasser über oder schwimmen Weiße See- (*Nymphaea alba*) oder Gelbe Teichrosen (*Nuphar luteum*) auf dem Wasser. Für Pflanzen wie das Schilf (*Phragmites communis*), den Schmalblättrigen Rohrkolben (*Typha angustifolia*) oder die Sumpf-Segge (*Carex acutiformis*) ist das Seeufer aus mehreren Gründen ein schwieriges Terrain: Generell ist ihnen das Wasser zu nährstoffarm, zudem herrscht bei Winden oft ein kräftiger Wellenschlag. Ungünstig auch die Uferbäume, die ihre Äste weit übers Wasser strecken und damit einen kräftigen Schatten werfen. Wo kein Schilf oder ähnliche Pflanzen wachsen, können auch keine darauf angewiesenen Wasservögel leben. Wer am Stechlin ist, wird sich wundern, kaum Enten zu sehen – ihnen fehlen schlicht die Brutplätze. Eine Entenart ist dagegen geradezu ein Charaktervogel des Stechlins: Die Schellente (*Bucephala clangula*). Es ist ein besonderes Erlebnis, das Tier bei der Nahrungssuche auf dem See beobachten zu können. Es taucht im klaren Wasser nach Insekten, Würmern, Schnecken, Muscheln oder Fischen und kann bis zu einer halben Minute unter Wasser bleiben. Das Auge der Schellente ist golden, so dass das Tier bei den Engländern

„golden eye" heißt. Unser Name Schellente kommt vom klingelähnlichen Fluggeräusch, das beim schnellen Flügelschlag des Männchens ertönt. Die Schellente nun benötigt kein Schilf oder andere Uferpflanzen zum Brüten – sie geht vielmehr hoch hinaus in die Höhlen von Bäumen. Und da die Schellente mit einer Länge von rund 45 Zentimetern nicht gerade klein ist, müssen die Höhlen ausgesprochen groß sein. Von Natur aus sind Baumhöhlen keine Mangelware, denn alte und damit dicke und absterbende Bäume sind eigentlich fester Bestandteil des Waldes. Eigentlich – denn die forstliche Nutzung der Wälder hat gerade diese Bäume verschwinden lassen. Die Schellente geht zwar auch ein Stück in den Wald hinein, wenn dort ein ansprechender Baum steht, bleibt aber dennoch in Gewässernähe. Diese Lebensraumansprüche – klares Wasser und Bäume mit ausreichend großen Höhlen – haben die Schellente ingesamt selten werden lassen. Am Stechlin kommt dem Vogel sehr zugute, dass nicht nur der See, sondern auch die umliegenden Wälder seit über 70 Jahren unter Schutz stehen. So ist das Tier nicht nur ein Charaktervogel des Stechlins, sondern wurde auch zum Wappentier des Naturparks Stechlin-Ruppiner Land auserkoren. Dessen Herzstück – der Name verrät es schon – ist der Stechlin, doch auch an vielen anderen Seen im Naturpark ist die Schellente zu Hause. Es lohnt sich, es dem Tier gleich zu tun und in den Stechlin oder einen anderen der märkischen Klarwasserseen einzutauchen.

Stechlinsee an der Sonnenbucht

Großer Stechlinsee

Der Große Stechlinsee ist in weite, größtenteils naturnahe Wälder eingebettet und nur zu Fuß oder mit dem Fahrrad zu erreichen. Autofahrer sollten Neuglobsow ansteuern, einen Ort, der als Glashütte seinen Anfang nahm. Neuglobsow liegt dicht an der Landstraße von Fürstenberg / Havel – Menz. Die Hauptstraße des Ortes ist für den Kfz-Verkehr gesperrt. Am Ortsbeginn befindet sich ein großer Parkplatz, ein weiterer am Stechlinsee-Center an der Ortsmitte.

Der einzige große Sand-Badestrand liegt bei Neuglobsow, im Dagower Winkel des Stechlinsees. Hier geht es im Sommer vor allem am Wochenende sehr lebhaft zu. Folgt man dem Uferweg ein Stück nach Norden oder Süden, wird es schnell ruhiger. Sehr beliebt ist die Sonnenbucht, die nördliche Bucht des Sees, die die meiste Zeit des Tages in der Sonne liegt. Der

Grund der flachen Bucht ist von kleinerem und größerem Geröll übersät - das ist nicht jedermanns Sache. Zum Schwimmen ist dieser Teil des Sees aber gut geeignet. In der Nähe des Neuglobsower Strandes befinden sich eine Tauchschule und der Stechlinsee-Fischer. Hier kann man nicht nur verschiedene fangfrische Fische erstehen, sondern auch ein Boot ausleihen.

NATURPARK
STECHLIN-RUPPINER LAND
Großschutzgebiet des Landes Brandenburg

Besucherzentrum NaturParkHaus Stechlin
Kirchstr. 4, 16775 Stechlin OT Menz
☎ (03 30 82) 5 12 10
post@naturparkhaus.de
www.naturparkhaus.de

Eine unvergessliche Einstimmung auf den See bietet das NaturParkHaus in Menz. Besucher, egal ob jung oder alt, werden hier sehr unterhaltsam und kurzweilig mit den Schönheiten des Naturparks und den Einmaligkeiten und Überraschungen der Seen vertraut gemacht. Menz liegt im Dreieck Fürstenberg / Havel – Rheinsberg – Gransee und hat auch einen schönen Badesee zu bieten: den Roofensee. Im Südteil, am Wallberg, liegt eine große, sehr beliebte Badestelle mit Sandstrand und flachem Ufer. Im nördlichen Teil fällt das Seeufer sehr steil ab – hier ist das Revier von Schellente, Fisch- und Seeadler.

Roofensee bei Menz (OHV)

Grosse Schatten am Boden

Große Schatten am Boden

*Weißstorch (*Ciconia ciconia*) bei der Nahrungssuche*

AUG

Es ist heiß. Die Bäume am Gehwegrand stehen weit auseinander und spenden nur spärlichen Schatten. Dafür ist der Himmel zu sehen, mittendrin lacht die Sonne. Sand knirscht bei jedem Schritt unter den Schuhen, es geht über einen mit roten Backsteinen gepflasterten Weg. Auf einmal ein dunkler Schatten - er kommt immer näher, dann, direkt vor uns, eine scharfe Kurve. Plötzlich klappert es hinter uns. Der Schatten gleitet inzwischen über ein rotes Dach, direkt auf das Klappern zu. Mit drei kräftigen Ruderschlägen landet ein Storch an seinem Nest. Seine Geschwister begrüßen ihn – typisch Storch – mit Schnabelklappern und legen dabei den Kopf in den Nacken, eine alltägliche Szene aus Rühstädt, dem storchenreichsten Dorf Deutschlands. Um die 30 bis 35 Paare des weiß gefiederten Frühlingsboten wählen das Dorf in der Prignitzer Elbtalaue seit Jahren zum Brüten aus. Der stetige Bruterfolg bestätigt ihre Wahl. Wer im August bei schönem Wetter durch den Ort spaziert, wird

Besucherzentrum Rühstädt
Neuhausstraße 9
19322 Rühstädt
☎ (03 87 91) 9 80 25
NABU-Besucherzentrum@t-online.de

dann und wann einen Schreck bekommen, weil ein großer Schatten eines Storches über den Boden gleitet. Die Jungen können bereits fliegen und unternehmen erste Ausflüge in die Umgebung. So herrscht ständiges Treiben am Himmel und am Nest.

In keinem Bundesland Deutschlands gibt es mehr Störche als in Brandenburg. In vielen Dörfern, ja sogar in einer ganzen Reihe von Städten des Landes zieht Adebar Jahr für Jahr erfolgreich seinen Nachwuchs auf. So gehören die gefiederten Frühlingsboten untrennbar zum Bild Brandenburgs und sind zugleich ein Beleg für die intakte Natur. Wo Störche heimisch sind, ist die Natur im Gleichgewicht. Zwischen rund 1180 und 1400 Paaren brüteten in den vergangenen Jahren im Märkischen. Störche haben eine Vorliebe für feuchte Gebiete. So konzentrieren sich die Brutplätze auf die großen märkischen Flussniederungen von Elbe, Oder, Neiße, Spree, Havel und Schwarzer Elster sowie die weiten Luchlandschaften, als da wären das Havelland, das Rhinluch, das Oderbruch, das Randow-Welse-Bruch und die Niederung zwischen Nieplitz, Nuthe und Notte. Feuchtes Grünland spielt für den Nahrungserwerb und damit sowohl für das eigene Überleben als auch für den Bruterfolg der Störche die entscheidende Rolle.

Der Weißstorch ist, wie es im Fachjargon heißt, ein Kulturfolger. Der große Vogel folgte also den Menschen und ihren Anstrengungen, das Land urbar zu machen und zu kultivieren. Die Rodung von Wäldern und die Umwandlung in Wiesen und Äcker schafften die nötigen Nahrungs-

In Lebus an der Oder (MOL)

AUG

Storchen-Paarung

grundlagen. Ihre Nester bauten die Störche zum einen in Bäumen – hier nisten die Tiere von Natur aus –, später auch auf den Häusern der Menschen. Mancherorts gab es so viel Nahrung, dass nicht nur ein Storchenpaar angelockt wurde, sondern gleich mehrere. Über ganz Brandenburg verteilt, gibt es neben Rühstädt noch weitere Orte, die mehrere Storchennester besitzen. Recht bekannt ist Linum, ein Ort zwischen Kremmen und Fehrbellin am Rhinluch: Der Berliner Landesverband des NABU hat hier nach der Wende von 1989 eine Umweltbildungseinrichtung aufgebaut, trefflich „Storchenschmiede" genannt. In den letzten Jahren steuerten zwischen 19 und 25 Storchenpaare den Ort im Frühling an. Die Mitarbeiter der Storchenschmiede griffen das große Interesse der Besucher an den vielen Störchen auf und gaben den Nestern eigene Namen. So begegnet man einem Schulhorst vor der alten Schule, einem Torfstecherhorst im einstigen Torfstecher-Ortsteil von Linum und – das ist klar – auch einem Fotohorst.

Storchendörfer gibt es auch im Spreewald, mit Lübben und Lübbenau sogar Storchenstädte. Vom „Storchenort" sprechen Fachleute ab fünf besetzten Storchennestern. Bekannte Storchendörfer des Unterspreewaldes sind Leibsch und Schlepzig; der größte Storchenort der Spreewaldregion liegt in Dissen. Der Ort nahe Cottbus besaß 2006 neun besetzte Storchennester, ein Rekordjahr war 2001 mit 13 Paaren. In Vetschau, einer Stadt zwischen Lübben und Lübbenau, befindet sich eines der berühmtesten Storchennester weltweit. Das Treiben in diesem Nest ist quasi „öffentlich", denn es wird von einer Webcam gefilmt. Die Bilder kann dann jeder unter www.storchennest.de sehen und bekommt so ungewohnte Eindrücke vom Nestbau, der Paarung, der Brut, der Jungenbetreuung und schließlich dem Abflug der Störche. Die Internetstörche sind natürlich auch leibhaftig zu beobachten. Unter ihrem Nest zeigt eine interessante Ausstellung vieles aus dem Leben der Tiere, dem Spreewald und dem Storchenschutz.

Weißstorch-Infozentrum
Drebkauer Straße 2a
03622 Vetschau / Spreewald
☎ (03 54 33) 41 00
www.storchennest.de

In der Havelaue, zwischen Zehdenick und Oranienburg, hat sich in den letzten Jahren ein weiterer Ort zum Storchendorf gemausert: Falkenthal. Auf acht Brutpaare ist der Bestand in dem hübschen Dorf angewachsen. Ein sich ändernder Brutvogelbestand ist nicht ungewöhnlich – vielerorts ist ein Auf und Ab zu verzeichnen. Motor dieser Veränderungen ist neben potenziellen Brutplätzen im Wesentlichen das Nahrungsangebot. Wo Frösche, Mäuse, Schlangen und Insekten keinen Platz mehr haben, weil die Landnutzung intensiviert wurde, bleiben schließlich auch die Störche aus. Treffliches Beispiel: Parey, ein Dorf an der unteren Havel. 1966 musste man sehr aufmerksam durch den Ort gehen, wollte man keines der 21 Storchennester übersehen. Heute sind es nur noch zwei bis vier Paare, die hier ihre Storchen-Kinderstube aufschlagen. Auslöser für diesen Schwund war ein Vorgang mit dem unverständlich klingenden Namen „Komplexmelioration". Dahinter verbergen sich gravierende Eingriffe in die Landschaft und den Naturhaushalt. Entwässerungsgräben wurden gezogen, Schöpfwerke errichtet, um das Grundwasser abzupumpen, Wiesenland umgegraben, Bäume gerodet und feste Wirtschaftswege angelegt. Alles wurde auf intensive Landwirtschaft ausgerichtet. Manche Wiese konnte hinterher gar als Acker genutzt werden. Die Störche kamen jedoch nicht mehr und mit ihnen eine Reihe weiterer Vogelarten, darunter die selten gewordenen Bekassinen, Rotschenkel oder Kampfläufer.

Beute gemacht: ein Maulwurf

Storchenschmiede Linum
Nauener Straße 54
16833 Linum
☎ (03 39 22) 5 05 00
storchenschmiede@nabu-berlin.de

Dass es auch anders herum geht, zeigt Linum. Von fünf Brutpaaren 1968 ging es auf 16 Paare im Jahr 2000 hinauf. Neben einem größer gedeckten Tisch spielt auch das Sozialverhalten der Störche eine Rolle. Sie müssen die Anwesenheit anderer Brutpaare in ihrer Nähe akzeptieren. Und das ist nicht immer gegeben. Heftige Kämpfe werden gefochten, wenn ein Storch versucht, in der Nähe eines besetzten Nestes ein neues zu bauen. Ist diese Hürde gemeistert, steht es um die Akzeptanz weiterer Nester nicht schlecht. Werden den Störchen nun neue Nisthilfen

Hungrige Schnäbel

angeboten, siedeln sich womöglich noch mehr Artgenossen an.

Dass Störche nur Frösche fressen, wird landläufig zwar angenommen, entspricht jedoch nicht dem Storchenalltag. Wenn Adebar im Frühjahr eintrifft, rangieren zunächst Regenwürmer ganz weit vorn. Ein Rühstädter Storch wurde einmal beobachtet, wie er in einer viertel Stunde 117 Regenwürmer erbeutete. Später im Jahr sind es auch Insekten wie Heuschrecken oder Käfer. Im Magen eines toten Storches wurden sage und schreibe 1315 Feldheuschrecken entdeckt. Natürlich verschmähen Störche auch Mäuse, Maulwürfe, Fische oder kleine Vögel nicht. Die sind aber nur schwer zu erbeuten, und meist klappt es nur, wenn die Tiere verletzt sind. Ein drei Wochen alter Jungstorch braucht übrigens rund 300 Gramm Nahrung am Tag, kurz vor dem Ausfliegen sogar 500 Gramm. Da ist viel zu tun für die Altvögel.

Genaue, also wissenschaftliche Untersuchungen, haben überhaupt vielfach ein ganz anderes Bild vom Storch gezeichnet, als allgemein angenommen wurde. So leben die Tiere nicht in lebenslanger Ehe. Eine enge Bindung besteht vielmehr zum Nest, sowohl beim Weibchen als auch beim Männchen. Das führt zwangsläufig dazu, dass frühere Paare wieder zueinander finden. Da Männchen und Weibchen jedoch nicht gemeinsam ziehen, das Männchen vielmehr etwas früher am angestammten Nest eintrifft, bildet sich mitunter ein neues Paar mit einem zufällig vorbeiziehenden, anderen Weibchen. Trifft dann das letztjährige Weibchen am Nest ein, gibt es oft erbitterte Kämpfe. Dabei werden sogar Gelege zerstört.

Ermöglicht wurden Erkenntnisse wie die Horstbindung durch Beringungen. Meist ist es der regionale Storchenbetreuer, der den jungen Störchen einen Ring um das Bein legt, der ihn unverwechselbar macht. Für die Erforschung des Zugverhaltens wurden einigen Störchen sogar Sender angeschnallt. Die Mitarbeiter

Teichfrosch (Rana *kl.* esculenta)

Kaum gefüttert, geht es schon wieder los...

des Storchenhofes Loburg in Sachsen-Anhalt betrieben diesen Aufwand und konnten damit den genauen Zugweg, die Zugdauer und das Überwinterungsziel in Afrika ausmachen. Beim Zugweg machen die Störche einen entscheidenden Unterschied: Manche sind Westzieher und nehmen den Weg nach Afrika über Frankreich, Spanien und Gibraltar. Ostzieher dagegen peilen zunächst die Türkei und den Bosporus an und fliegen über Israel womöglich noch weiter nach Afrika. Die Zugroute ist den Tieren angeboren. So kommt es vor, dass im Frühjahr in manchen Orten Brandenburgs bereits Störche nisten, in anderen das Nest aber noch tagelang leer steht: Unterschiedliche Flug- und Thermikverhältnisse auf den beiden Zugwegen lassen die Störche zeitlich versetzt eintreffen.

Und noch etwas Interessantes haben die Beringungen der Storchenbetreuer ans Tageslicht gebracht: Das Alter der freilebenden Störche. Den Rekord in Brandenburg hält ein Storchenweibchen, das es auf 29 Jahre gebracht hat. Der turbulenteste Monat der Betreuer ist oft der August, wenn die Jungstörche das Fliegen entdecken. Das ganze Land steht zu dieser Zeit im Zeichen der Störche. So gibt es kaum eine bessere Gelegenheit, raus aufs Land zu fahren, Störche zu beobachten, Storchenlandschaften zu entdecken und dabei natürlich auch die Storchen-Infozentren zu besuchen.

Große Schatten am Boden

Europäisches Storchendorf Rühstädt

Rühstädt ist keine Stadt, wie der Name es erst vermuten lässt. Der Name meint „Ruhestätte“, denn ein Teil der Quitzows, ein Prignitzer Adelsgeschlecht, liegt hier begraben. Roter Backstein prägt das Dorfbild, in der Umgebung ist es das Grün der Wiesen. Die Elbe ist etwa drei Kilometer vom Ort entfernt und natürlich lohnt sich ein Abstecher zum großen Strom. Der nächstgelegene Bahnhof befindet sich in Bad Wils-

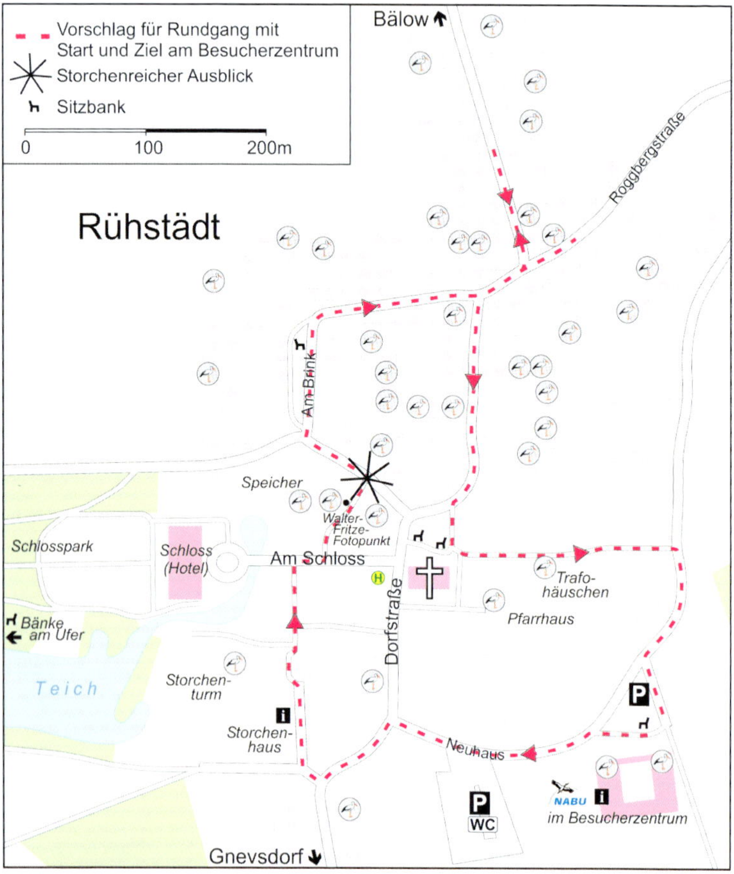

AUG

nack (Bahnlinie Luckenwalde/Ludwigsfelde – Bln-Südkreuz – Bln-Hbf – Nauen – Bad Wilsnack – Wittenberge/Wismar). Von hier verkehren Busse der Verkehrsgesellschaft Prignitz (www.vgp-prignitz.de). Unvergesslich ist aber auch eine Radtour ab Bad Wilsnack. Autofahrer erreichen die Region über die B5 (Berlin – Perleberg) oder die B107 (Pritzwalk – Havelberg) und fahren auf kleinen, meist von Alleebäumen gesäumten Landstraßen weiter. Ein großer Parkplatz liegt im Süden des Dorfes, an der Zufahrt zum Besucherzentrum (Straße Neuhaus). Hier halten der NABU und das Biosphärenreservat mit dem langen Namen „Flusslandschaft-Elbe – Brandenburg" eine überaus interessante Ausstellung zum Weißstorch bereit. Einkehrmöglichkeit bieten mehrere Gaststätten. Reizvoll ist es nicht nur, direkt zur Elbe zu gehen, sondern auch durch den Schlosspark zu spazieren. Alte Bäume säumen das Ufer des Schlossteichs, der eigentlich ein abgetrennter Altarm der Elbe ist. Ungewöhnlich sind die „mückensicheren" Holzliegen.

Der Tisch ist für Störche in der Rühstädter Elbtalaue reich gedeckt

Große Schatten am Boden

Linum am Rhinluch

Linum liegt auf dem Ländchen Bellin, einer Erhöhung, die das Havelländische Luch vom Rhinluch trennt. Schön ist es, den Ort per pedale anzusteuern. Eine Tour könnte in Kremmen (Bln-Spandau – Hennigsdorf – Kremmen – Neuruppin) beginnen und über Groß Ziethen, Flatow und Kuhhorst nach Linum führen. Autofahrer verlassen die A24 an den Anschlussstellen Kremmen oder Fehrbellin und fahren über Landstraßen nach Linum. Linum mit dem Bus zu erreichen, ist nicht ganz einfach (⇨ Kraniche S. 108).

Viel Wissenswertes zu Linum und seinen Störchen erfährt man in der Storchenschmiede des NABU. Sie ist von April bis Mitte November dienstags bis freitags von 10 bis 16 Uhr und samstags-, sonn- und feiertags von 10 bis 18 Uhr geöffnet. Die Mitarbeiter bieten auch interessante Führungen an.

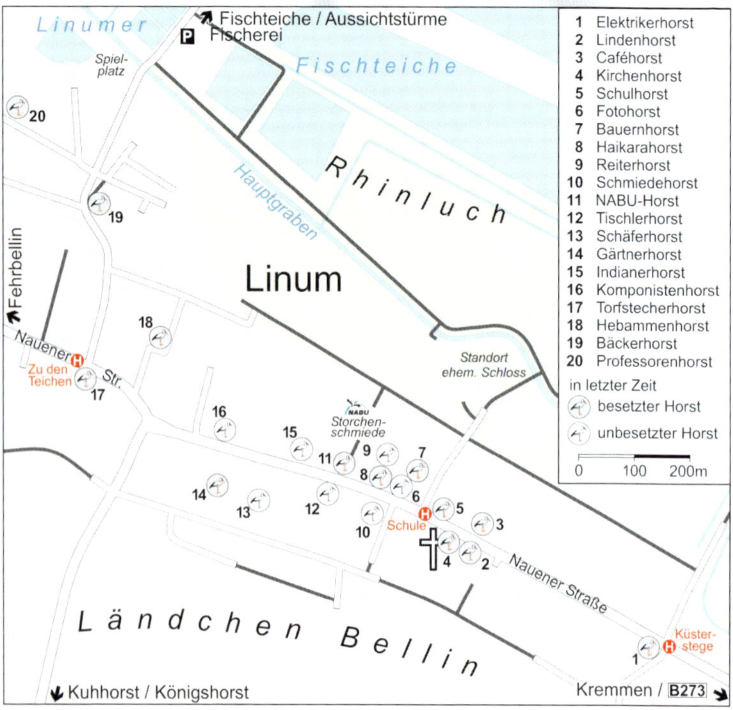

FRUCHTIGE VERLOCKUNGEN

Fruchtige Verlockungen

Streuobstwiese am Köppchensee in Berlin-Blankenfelde

Rund ein Drittel des täglichen Bedarfs an Vitamin C, etwa 10% an Vitamin E, eine ganze Palette an B-Vitaminen, ein Viertel des täglich benötigten Kaliums, außerdem andere Mineralien wie Eisen und Magnesium, Phosphor oder Calcium. Dazu Fruchtsäuren, die nicht nur gut schmecken, sondern auch die Verdauung fördern und antibakteriell wirken sowie Substanzen, die die Blutgefäße reinigen und obendrein das Wohlbefinden steigern. Es klingt wie in der Werbung für ein teures Nahrungsergänzungsmittel, ist aber ganz einfach: die Rede ist von einem Apfel. Erstaunlich dabei: Die Wirkungen des Apfels für Gesundheit und Wohlbefinden sind schon lange bekannt, müssen aber immer wieder in Erinnerung gerufen werden. Bereits seit Jahrtausenden zählt der Apfel zu den besonders wertvollen Nahrungsmitteln, und Generationen von Menschen haben in der Vergangenheit eine große Vielfalt an Apfelsorten gezüchtet. Manche reifen früh, manche später, einige vertragen sogar Frost, manche schmecken süßer, manche saurer, manche sind gut zum Einkochen geeignet.

Angefangen hat es mit dem Kulturapfel (*Malus domestica*) vor einigen tausend Jahren, wahrscheinlich in Asien. Die Abstammung ist nicht endgültig geklärt, angenommen wird eine Kreuzung zweier asiatischer Formen mit dem auch in unseren Wäldern natürlich vorkommenden Holzapfel (*Malus sylvestris*). Von Asien gelangten Früchte und vor allem Pflanzen im Gepäck der Handel treibenden Menschen über Südeuropa schließlich auch in unsere Gegend. Bei den seinerzeit hier lebenden Kelten und

Germanen stand der Holzapfel zwar schon auf dem Speisezettel, wie archäologische Untersuchungen ergeben haben. Die kleinen, harten Früchte mussten aber gekocht werden, bevor sie wirklich genießbar waren. Das änderte sich nun mit dem Einzug des größeren und wohlschmeckenderen Kulturapfels, den die antiken Griechen bereits kultivierten und den die Römer später nach Deutschland brachten. Eine wichtige Rolle bei der Verbreitung in Norddeutschland spielte der Zisterzienser-Orden. In seinen Aufzeichnungen findet sich auch der älteste bekannte Hinweis auf einen Kulturapfel, den Borsdorfer Apfel, 1170 erwähnt. Die Zisterzienser, die das Land nicht nur christianisieren, sondern auch kultivieren wollten, brachten den Kulturapfel nun in Regionen, in denen er noch unbekannt war. Die Mönche verfügten auch über das nötige Wissen im Setzen der Sprösslinge und in der Aufzucht der Bäume. Zu weiter Verbreitung unter der Bevölkerung reichte es zunächst jedoch nicht. Erst nach dem Dreißigjährigen Krieg gelang es den preußischen Königen, mittels Zuschüssen, aber auch über Verordnungen, Apfelbäume und andere Obstgehölze im Land in großer Zahl heimisch zu machen. Dabei kam ihnen auch zugute, dass der bislang vielerorts betriebene Weinbau infolge mehrerer aufeinander folgender eisiger Winter zum Erliegen kam – die Obstkultur bot nun eine Alternative. In eigens gegründeten Baumschulen, ja sogar über bestellte Kreisgärtner, sollte der Bevölkerung das Pflanzen und Pflegen der Bäume näher gebracht werden.

Streuobstwiese in Schönwalde bei Bernau (BAR)

Fruchtige Verlockungen

So standen die Bäume vor den Häusern und in den Gärten der Menschen und wurden auch entlang von Wegen gepflanzt – Obst konnte es bis in das letzte Jahrhundert hinein nie genug geben. Wer ein Haus neu baute oder heiratete, pflanzte einen, manchmal sogar mehrere Obstbäume – Schatz und gleichzeitig Kapital fürs ganze Leben, ja sogar für das der Kinder und Enkel. Gewöhnlich bekamen die Bäume in den Dörfern ihren Platz in den Gärten hinter den Höfen, sodass sie schließlich ein Gürtel aus Obstbäumen umfasste. Auch um die Ackerbürgerstädte entwickelte sich ein Saum aus Obstbäumen. Mit der Einebnung der mittelalterlichen Wallanlagen wurde in unmittelbarer Nähe der Häuser Platz für Gartenland frei, auf dem nun auch Obstbäume ihre Äste emporreckten. In manchen Städten sind diese Wallgärten aus dem 18. Jahrhundert bis heute erhalten geblieben, und so ist es vor allem im Frühjahr ein ganz besonderer Genuss, das Blütenband um die Altstadtkerne von Gransee, Templin, Treuenbrietzen oder Luckau zu erleben. Da das Gartenland kostbar war, wurde auch unter den Bäumen gewirtschaftet. Den Begriff der Streuobstwiese gab es zu dieser Zeit jedoch noch gar nicht – es gab aber auch noch nicht das ökologische Gegenstück dazu, die intensiv genutzte Obstplantage. Damals sprach man vielmehr von Obstwiese, die meist am Rand oder außerhalb der Orte verstreut lag. Meist wuchsen auf ihr auch Gräser oder Kräuter, die oft direkt von Weidetieren, vor allem Schafen, abgegrast wurden. Natürlich wurde auch hier und da Heu ge-

Streuobstacker am Bienen-Museum in Möthlow im Havelland (HVL)

Streuobstacker in Raben im Hohen Fläming (PM)

macht. Heute ist es vor allem der Löwenzahn (*Taraxacum officinale*), der zur Blütezeit der Obstbäume mit seinen gelben Blüten um Aufmerksamkeit wirbt. Auch Wilde Möhre (*Daucus carota*), die Wildform unserer Mohrrübe, Schafgarbe (*Achillea millefolium*) und selten auch der Große Wiesenknopf (*Sanguisorba officinalis*) wachsen im reichlich vorhandenen Licht der Streuobstwiesen.

Hin und wieder wurde unter den Bäumen sogar kleinräumig Ackerbau betrieben. Gemüse oder Getreide reifte unter den Kronen der Obstbäume, die nur wenig beschnitten wurden. Mitunter starb oder brach auch einmal ein Ast ab. Im morschen Holz fanden nun einige Tierarten eine geeignete Behausung. Zu den bekannten Arten zählen etwa der Steinkauz (*Athene noctua*), der als Mäusejäger in den Obstwiesen gute Jagdgründe findet, oder der Wendehals (*Jynx torquilla*), der eine Vorliebe für Ameisen hat. Ebenfalls Baumhöhlenbrüter sind der Gartenrotschwanz (*Phoenicurus phoenicurus*) und der Gartenbaumläufer (*Certhia brachydactyla*), deren Bindung an die Obstwiesen schon am Namen deutlich wird. In einigen Gegenden des Landes, etwa im Niederen Fläming, auf dem Hohen Barnim oder in der Uckermark, ist aus den Bäumen bisweilen sogar der Ruf des Laubfrosches (*Hyla arborea*) zu hören. Der kräftig grün gefärbte Frosch ist das Sinnbild des Wetterfrosches und überwintert wie einige andere Amphibienarten auch auf den Obstwiesen. Hier werden die Wurzelbereiche der Bäume, Laub- und Holzhaufen aufgesucht. Zu den weniger bekannten, weil unauffälligeren Tierarten der Streuobstwiesen gehören

*Steinkauz (*Athene noctua*)*

*Laubfrosch (***Hyla arborea***)*

verschiedene Arten von Spinnen, Insekten oder Gliedertieren. Untrennbar mit den Obstbäumen verbunden sind jedoch die Bienen, die für die Bestäubung der Blüten im Frühling zuständig sind. Die von den Imkern gehaltenen Bienen sind die einzigen, die zu dieser für Insekten frühen Jahreszeit schon in großer Zahl ausfliegen können. Andere an der Bestäubung ebenfalls beteiligte Insekten wie die Ackerhummel (*Bombus pascuorum*) oder Schmetterlingsarten wie Admiral (*Vanessa atalanta*) oder Schachbrettfalter (*Melanargia galathea*) spielen nur eine untergeordnete Rolle – profitieren aber auch vom angebotenen Pollen.

Verlockend...

Im Fokus des Menschen steht jedoch in erster Linie das Obst. Äpfel, Birnen, Pflaumen und Kirschen gehören zu der großen, formenreichen Gruppe der Rosengewächse. Typisches Kennzeichen sind die weißen, manchmal schwach rosa gefärbten, fünfzähligen Blüten. Innerhalb dieser Gruppe unterscheiden Fachleute zum einen das Kernobst, zu dem der bereits erwähnte Kulturapfel, die Birne (*Pyrus communis*) und die Quitte (*Cydonia oblonga*) gehören, vom Steinobst, bei dem sich ein sehr harter Kern findet. Wer einmal im Kirschkuchen auf einen versehentlich mitgebackenen Kirschkern gebissen hat, kennt die Härte der Kerne, die sowohl für Süß- als auch für Sauerkirschen (*Prunus avium* und *P. cerasus*), aber auch für Pflaumen (*Prunus domestica*), Pfirsiche (*Prunus persica*) oder Aprikosen (*Prunus armenica*) typisch ist. Verglichen mit den scheinbar unendlich vielen Blüten, die viele Obstgehölze im Frühjahr hervorbringen, reifen nur wenige Früchte heran. Vor allem bei den Bäumen mit großen Früchten ist der Unterschied auffällig. Er ist aber auch nötig, denn die Fruchtbildung erfordert viel Energie und darf nicht fehlschlagen – schließlich sichert sie ja den Nachwuchs. So hat die Natur hier gewissermaßen einkalkuliert, dass nur wenige befruchtete Blüten tatsächlich ausreifen.

Verglichen mit den anderen Obstarten verläuft der Reifungsprozess beim Apfel ungewöhnlich, denn bei

Apfelbaumallee bei Wolletz in der Uckermark (UM)

ihm ist nicht nur der Fruchtknoten an der Bildung der Frucht beteiligt, sondern auch der Blütenboden – daher die Größe des Apfels.

In den letzten Jahrhunderten wurden hunderte Apfelsorten gezüchtet, die oft an die lokalen Wuchsbedingungen besonders gut angepasst waren. Manche trugen einen wohlklingenden und damit einprägsamen Namen, wie der „Altländer Pfannkuchen", die „Ochsennase", der „Adamsapfel" und der „Süße Prinzenapfel". Eine einstmals im Märkischen sehr bekannte Sorte war der „Apfel aus Lunow". Manche alte Sorte hatte sich aber über Generationen bewährt. So verwendete Peter Joseph Lenné auch einen lange Bekannten bei der Bepflanzung der Gärten in der Russischen Kolonie Alexandrowka in Potsdam: den Borsdorfer Apfel. Insgesamt erreichte die Sortenvielfalt im 19. Jahrhundert ihren Höhepunkt. Die königliche Landesbaumschule in Potsdam besaß Mitte des 19. Jahrhunderts 1360 Obstsorten. So erscheint es verwunderlich, dass beim Blick auf das heutige Apfelangebot in den Auslagen der Geschäfte nur vier, fünf oder sechs Sorten zur Wahl stehen. Es sind Allerweltssorten, die vor allem in punkto Lagerfähigkeit und Haltbarkeit die Nase vorn haben. Mit dem Rückgang kultivierter Sorten verbunden ist auch eine Intensivierung der Nutzung. Niedrige Bäume, manche Sorten bereits drei Jahre nach der Pflanzung fruchtend, stehen dicht an dicht und werden mit Pflanzenschutzmitteln gegen Pilzbefall oder andere Schädlinge behandelt.

Der Apfel steht damit beispielhaft für die anderen Obstgehölze; auch bei

Fruchtige Verlockungen

Pflaumen, Birnen, Kirschen wurden über Jahrhunderte hinweg regionaltypische Sorten gezüchtet, die heute nur noch ein Schattendasein führen – sofern es sie überhaupt noch gibt. Tatsächlich sind die vielen Sorten jedoch eine Kostbarkeit von unschätzbarem Wert. Sie haben Dürren ebenso überstanden wie eisige Winter, Pilzbefall und und und. Diesen Schatz zu hüten, wurden nach 1989 viele Initiativen gestartet. So wurden von 1995 bis 1999 in ganz Brandenburg u.a. Streuobstapfelbäume kartiert und katalogisiert. Das Projekt mündete in die Neupflanzung von Nachkommen dieser Sorten, die ein lebendiges genetisches Gedächtnis sein sollen.

Das Verschwinden der Obstbäume und Obstwiesen bedeutet aber nicht nur einen Verlust an genetischer Vielfalt, sondern auch eine Verarmung an Lebensräumen in der Natur. Dies zu mildern, wurden, meist auf Initiative von Landschaftspflege-Vereinen hin, verwilderte Obstwiesen wieder in Nutzung genommen oder sogar neu angelegt. Der Landschafts-Förderverein Nuthe-Nieplitz-Niederung pflanzte Anfang der 1990er Jahre 1000 Obstbäume, insgesamt 64 verschiedene Sorten Äpfel, Birnen, Pflaumen und Kirschen. Noch immer werden für dieses Projekt Baumpaten gesucht. Die Streuobstwiese liegt südlich des Blankensees, am Wanderweg von Blankensee nach Stangenhagen. Im September wird sie zum Ziel vieler Ausflügler, wenn hier das traditionelle Vermostungsfest gefeiert wird.

Landschafts-Förderverein
Nuthe-Nieplitz-Niederung e.V.
Zauchwitzer Straße 51
14552 Michendorf OT Stücken
☎ (03 32 04) 4 23 42
nuthe-nieplitz-niederung@t-online.de
www.foerderverein-nuthe-nieplitz.de

Sortenschaugarten
an der Naturtherme Templin
Dargersdorfer Straße 121
17268 Templin
www.nabu-templin.de

Im Naturpark Uckermärkische Seen wurden aus dem landesweiten Erfassungsprogramm 109 regional typische Apfelsorten ausgewählt und von einer beteiligten Baumschule junge Bäume herangezogen. Drei Exemplare jeder Sorte, insgesamt also über 300 Bäume, zieren in einem Sortenschaugarten den Vorplatz der Naturtherme in Templin. Der NABU-Regionalverband Templin pflegt den Schaugarten und macht – wie auch die Naturwacht des Naturparks – die Anlage zum grünen Klassenzimmer, wenn Schulklassen etwas über den Obstbau erfahren sollen. Von den restlichen aufgezogenen Bäumen konnten sich Interessierte Pflanzgut für ihre Gärten nehmen – so gedeihen die Sorten auch noch künftig in der Uckermark. Und wer keinen Platz zum Pflanzen hat, kann auch hier Baum-Pate werden.

Pomologischer Schau- und Lehrgarten Döllingen

Im Süden Brandenburgs werden in einem aufwändigen Projekt nicht nur die genetische Vielfalt, sondern auch gewachsene Lebensräume bewahrt. Um Döllingen und Hohenleipisch sind größere Streuobstwiesen und -äcker erhalten. Diese und ein am Ortsrand von Döllingen angelegter Pomologischer Garten – Pomologie ist die Lehre vom Obstbau – ziehen heute Naturtouristen und Fachleute an. Regelmäßig finden Veranstaltungen wie der Apfeltag, das Blütenfest oder im Sommer jeweils am letzten Sonntag im Monat das Gartencafé statt.

Landschaftspflegeverein der Schradengemeinden e.V.
LPV_eV@web.de
Naturpark Niederlausitzer Heidelandschaft
Markt 20
04924 Bad Liebenwerda
☎ (03 53 41) 61 50
np-niederlausitzer-heidelandschaft @lua.brandenburg.de
www.naturpark-nlh.de
www.pomologischer-garten.de

Im Pomologischen Garten werden rund 150 verschiedene Obstgehölze zur Schau gestellt, unterschiedliche Wuchs- und Kronenformen und das traditionelle Wirtschaften auf Streuobstwiesen und –äckern gezeigt. Besucher finden überdies Ansprechpartner bei Fragen rund ums Obst oder bei der Suche nach der geeigneten Sorte für den eigenen Garten. Wer das Projekt fördern möchte, kann Baumpate werden. Der Pomologische Garten liegt am westlichen Rand von Döllingen, etwa 8 Kilometer nordöstlich von Elsterwerda.

Streuobstwiesen am Köppchensee in Berlin

In den 1950er Jahren wurden am landschaftlich reizvollen Übergang der Barnim-Hochfläche zum Tegeler Fließtal Obstbäume gepflanzt – überwiegend Apfelbäume, aber auch Pflaumen und Birnen. Mit dem Bau der Berliner Mauer standen die intensiv genutzten Plantagen im Grenzgebiet, wie der benachbarte Köppchensee und Teilbereiche des Tegeler Fließes auch. Nach dem Fall der Mauer wurde die Nutzung der Obstbäume aufgegeben, so dass sich teilweise naturnahe Obstwiesen entwickelten. Sie werden vom NABU-Ortsverband Pankow gepflegt und sind seit 1995 Teil des Naturschutzgebietes „Niedermoorwiesen am Tegeler Fließ“. Schwierig ist nicht nur die Pflege des Gebiets, sondern auch die Durchsetzung der Naturschutzbestimmungen, wie etwa das Verbot, die Wege zu verlassen. Auch lassen manche Spaziergänger ihre Hunde im Gebiet unangeleint umherlaufen. Wer möchte, kann den NABU unterstützen und bei Arbeitseinsätzen oder beim Pflücken helfen – die Ernte fällt bisweilen aber nur spärlich aus. Erreichbar ist das Gebiet über den Berliner Mauerweg oder den Barnimer Dörferweg. In Lübars endet der Bus 222, der am S-Bhf Bln-Hermsdorf vorbeifährt, durch Blankenfelde fährt der Bus 107.

NABU-Bezirksgruppe Pankow
Katrin Koch
☎ (030) 9 86 08 37 -0 / -28
kkoch@nabu-berlin.de
www.berlin.nabu.de

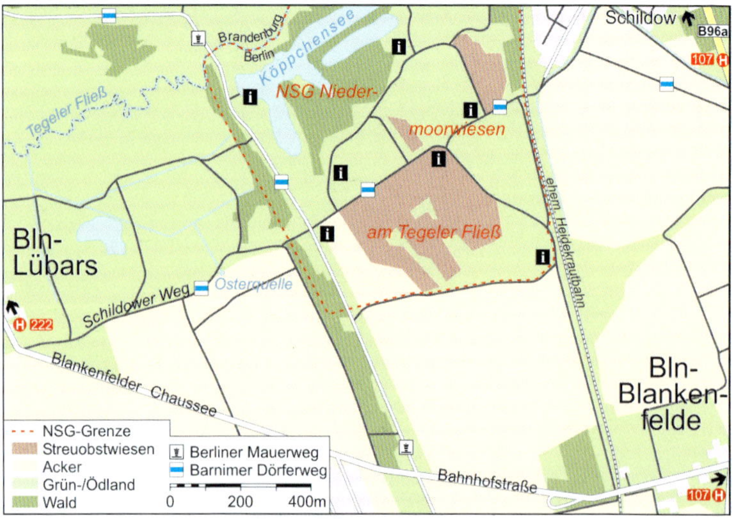

Glücksboten im Abendrot

Glücksboten im Abendrot

Energiesparender Formationsflug der Kraniche

Ein sonniges Oktoberwochenende, kurz nach sechs am späten Nachmittag: Die Sonne steht dicht über der Kirche von Linum. Ein sehr romantischer Anblick, wie das rötliche Licht die Preußenkrone auf der Kirchturmspitze umspielt. Einem langen Wurm ähnlich schlängelt sich eine Kette gedeckt und wetterfest gekleideter Menschen entlang der Gärten und Wiesen des Rhinluchs. Spinnennetze sind über den Weg gespannt, hier und da eine Kuhle mit etwas dunkel gefärbtem Wasser drin. Doch keiner blickt auf den holprigen Weg. Die Wanderer haben anderes im Blick: Kraniche. In langen Ketten oder zu Keilen aufgereiht kommen die majestätischen Tiere hinter einem Hügel hervor und gleiten über die Spaziergänger hinweg zu den Linumer Fischteichen. Die Gruppe hält an, vorn der Leiter der NABU-Storchenschmiede, Henrik Watzke. Bis der Letzte zu den Wartenden aufgeschlossen hat, sind noch einmal vier Formationen, alle etwa 50 Kraniche stark, über die Gruppe hinweggeflogen. „In den siebziger Jahren des letzten Jahrhunderts gab es in ganz Deutschland so viele Kranich-Brutpaare, wie in den letzten Minuten über uns hinweggeflogen sind.“ Ungläubige Gesichter. „Damals brüteten gerade einmal 400 Kraniche in Deutschland, Ost und West zusammengenommen. So viele sind in den letzten 15 Minuten über uns hinweggesegelt!“ Und es werden noch mehr, viel mehr.

Die Kraniche ziehen die Beobachter in den Bann. Mit ihrem ruhigen Flug und den Trompetenrufen verzaubern sie die Menschen, jagen ihnen eine Gänsehaut über den Rücken und lassen Glücksgefühle aufkommen. Etwas Überirdisches scheint den Glücksboten im Abendrot anzuhaften. Kraniche werden in vielen Religionen und Kulturen verehrt.

Das Dorf Linum, zwischen Kremmen und Neuruppin am Rhinluch gelegen, ist inzwischen zum bedeutendsten Kranich-Rastplatz im europäischen Binnenland geworden. 2006 war bislang das Rekordjahr, als an einem Tag über 70.000 Tiere gezählt wurden. Seit Jahren zeichnet sich bei den Zählungen ein Trend nach oben ab. In den 1990er Jahren waren es in Linum in Spitzen schon rund 25.000 Tiere, 2004 dann bereits 50.000. Jeder Zuwachs war eine Sensation und eine Bestätigung für die immensen Bemühungen zum Schutz des Gebiets. Zum Vergleich: In den 1980er Jahren waren es in Linum nur 500 bis 900 rastende Kraniche. Auffällig ist aber nicht nur der bloße Spitzenwert, sondern auch der Umstand, dass die Tiere inzwischen auch länger als früher rasten, so dass die Rekordzahlen nicht nur kurzfristig erreicht werden, sondern für einen längeren Zeitraum.

Inzwischen hat Henrik Watzke sein Spektiv, eine Art Naturbeobachtungsfernrohr, aufgestellt und auf den Kranich-Sammelplatz ausgerichtet. Mit entspannt herabhängenden Beinen und stets gegen den Wind, segeln die Tiere auf einer Wiese nahe den Linumer Fischteichen ein. Am Ende ein paar schnelle, leichtfüßige Schritte, zwischendrin meist ein, zwei Hüpfer. Dazu ständiges Rufen, „gru gru“ mit rollendem R. Das erzeugen sie mit ihrer mehr als einen Meter langen und im Bereich des Brustbeins dreifach gewundenen Luftröhre. Was für uns wie Gleichklang klingt, vermögen die Tiere wohl zu unterscheiden. Es sind Kontaktlaute, die sowohl im Flug als auch am Boden ausgestoßen werden. Insgesamt zehn verschiedene

Kranichformationen zum Sonnenuntergang über Linum

Arten von Rufen sind bekannt. Bei den Mengen könnten die Tiere voneinander getrennt werden und sich verlieren. Dabei gehören sie zueinander. Kranichmännchen und –weibchen verbringen ein ganzes Leben miteinander, und der diesjährige Nachwuchs, zwar schon groß gewachsen, aber im Vogelzug ein Neuling, ist immer bei den Eltern. Die Rufe im Flug sind eine Versicherung, dass die Tiere beieinander sind. Zurückblicken können sie nicht, zumindest nicht im Flug. Watzke weist auf die kurzen, hellen Rufe hin, die sich unter die gru-gru-Rufe mischen. Es sind die Jungen, deren Ruf erst im nächsten Jahr dem der Eltern ähnelt.

Der wissenschaftliche Name des bei uns heimischen, Grauen oder Eurasischen Kranichs leitet sich lautmalerisch vom Ruf ab: *Grus grus.* Auf der ganzen Welt gibt es 15 Kranicharten, von denen elf als bedroht oder gefährdet gelten. Der Eurasische Kranich ist momentan nicht gefährdet. Noch in den 1970er Jahren sah es um den Fortbestand der Art jedoch sehr düster aus, und in vielen Regionen Deutschlands waren Kraniche ausgestorben. Entwässerte Moore, trockengelegte und umgepflügte Wiesen und Grundwasserabsenkung haben den Tieren die Brut- und Nahrungsplätze genommen. Bergauf ging es mit dem Bestand aus mehreren Gründen: So wurden vielerorts Moore und Feuchtgebiete wiedervernässt. Außerdem wichen die Kraniche von ihren ursprünglichen Brutplätzen im abgeschiedenen Wald auf die offene Feldflur aus, erschlossen sich also neue Brutgebiete.

*Grauer Kranich (*Grus grus*)*

Langsam wird der Atem der Kranich-Beobachter um Henrik Watzke sichtbar. Die Sonne ist gerade verschwunden. Formation um Formation löst sich aus dem glutroten Himmel und gleitet dicht über die Gruppe hinweg. Inzwischen werden es rund 5000 gewesen sein, vermutet Watzke. Ein kleines Mädchen zieht mit sorgenvollem Blick an der Jacke ihrer Mutter. „Können uns die Vögel nicht auf den Kopf machen? Bei so vielen Tieren...?“ Die Mutter beruhigt ihr Kind. „Das machen sie vor dem Abflug, so sparen sie Gewicht beim Fliegen.“ Losgeflogen sind die Kraniche auf einem der vielen Äcker in der Umgebung Linums, im Havelland, auf

Altvogel und Jungtier auf dem Maisfeld *(Foto Dr. R. Zelinski)*

den Ländchen Bellin oder Glien. Wo die Landwirte die abgeernteten Maisäcker noch nicht umgepflügt haben, gehen die Tiere auf Nachlese. 300 Gramm Maiskörner brauchen sie pro Tag, das sind über 1000 Körner. Rund ein Kilo Körpergewicht müssen sich die Kraniche vor dem Weiterzug angefuttert haben, um den kraftraubenden Zug zu überstehen. Manche Landstraße um Kuhhorst, Tietzow oder Königshorst wird jetzt zum großen Pkw-Parkplatz, die Insassen bewaffnet mit Ferngläsern. Wer mit dem Auto am Straßenrand und im Auto bleibt und durch die vorsichtig heruntergekurbelte Scheibe beobachtet, verursacht die geringsten Störungen. Kraniche sind sehr scheu, die Fluchtdistanz liegt bei 300 Metern. Leider steigen immer wieder Besucher aus ihren Autos aus und versuchen, sich dichter anzupirschen. Das klappt nie und scheucht die Kraniche unnötig auf. Jeder Flug kostet Energie, die Tiere müssen also noch mehr fressen. Zwei Mottos schildern es trefflich: „Sehen ohne gesehen zu werden" und „hören ohne zu stören". Der neue Beobachtungsstand an der Straße von Linum nach Kuhhorst ist dafür ideal.

Sollten die Maisstoppeläcker den Hunger der Kraniche nicht mehr stillen können, weichen die Vögel auf andere Kulturen aus und gehen auch auf das junge Wintergetreide. Dort können Schäden entstehen. Manche Landwirte vergrämen die Tiere, indem sie sie zu Fuß oder auch gern mit dem Auto vertreiben oder Knallkörper zünden. Der Erfolg ist selten endgültig. In manchen Vogelrastgebieten setzten sich deswegen vor

In nassen Erlenbrüchen bauen Kraniche gern ihr Nest

einigen Jahren Landwirte, Naturschützer und staatliche Naturschutzeinrichtungen an einen Tisch, um ein gemeinsames Management auf die Beine zu stellen. Pläne wurden gemacht, wer wann erntet und aussät. Kernpunkt: Es müssen Stoppeläcker bis ins Frühjahr verbleiben und dadurch Ablenkflächen geschaffen werden, um das Wintergetreide zu schonen. Für dennoch entstandene Schäden wurde zudem extra ein Finanztopf aufgemacht. Im Gebiet um Linum wird neuerdings eine andere Methode praktiziert. Wo keine Maiskörner mehr herumliegen, werden sie einfach wieder ausgestreut, getreu dem Motto „Futtermais auf die Brachäkker". Vielleicht stammt dieser Futtermais, der eigentlich für die Tierzucht produziert wurde, aus Nordosteuropa? Gut möglich. Hier liegt der Grund für das allgemeine Anwachsen der Kranichpopulation.

In den Brutgebieten Polens, Finnlands, des Baltikums und Westrusslands, wo das Gros der Zugvögel herkommt, bieten große Maisäcker den Altvögeln und dem Nachwuchs gute Voraussetzungen. Positiv wirken sich auch die Folgen der Klimaerwärmung aus. Mussten die Tiere einst bis Spanien oder Nordafrika ziehen, um die nötigen Überwinterungsbedingungen zu erreichen, machen einige inzwischen in Frankreich oder noch weiter nördlich Halt. Der Energie raubende und allgemein gefährliche Zug fällt also kürzer aus – weniger Verluste unter den Tieren sind die Folge. Generell zeichnet sich eine Verlängerung der Rast ab, und in milden Wintern bleiben sogar zunehmend mehr Kraniche in unserer Region.

Nicht nur in den Brutgebieten Nordosteuropas, auch in Deutschland ist der Brutbestand in den letzten Jahren enorm angewachsen. Etwa 7000 Brutpaare sind es inzwischen wieder. Die Hälfte davon brütet in Mecklenburg-Vorpommern, auf Rang zwei folgt Brandenburg. Wurden in den 1950er Jahren gerade noch 60 Brutpaare im Gebiet Brandenburgs gezählt, sind es inzwischen über 1600. Die meisten Paare lassen sich in der Uckermark nieder – kein Wunder, hier genießen weite Teile der Landschaft den besonderen Schutzstatus als Naturpark (Uckermärkische Seen), Biosphärenreservat (Schorfheide-Chorin) oder sogar als Nationalpark (Unteres Odertal) und bieten den Kranichen gute Voraussetzungen. Ein anderes Großschutzgebiet trägt den Kranich sogar im Logo: Der Naturpark Nuthe-Nieplitz, südlich von Berlin und Potsdam gelegen. 27 Revierpaare wurden hier 2007 verzeichnet. Seit den 1990er Jahren entdecken Kraniche zudem die ausgekohlten Tagebaue für sich. Weite Sicht, flaches Wasser und genügend Nahrung in der Umgebung sind schlagende Argumente.

Die gefiederten Glücksboten kommen bisweilen schon im Februar zum angestammten Brutgebiet zurück. Entscheidend für die Wahl des Brutplatzes sind ein ungestörter, von Wasser unmittelbar umgebener Platz und ausreichendes Nahrungsangebot. Kraniche fressen alles, also sowohl Pflanzen und Sämereien als auch Tiere, angefangen von Insekten über Würmer bis zu Mäusen und sogar Fischen. Die Paarung der Tiere ist eines der großartigsten Naturschauspiele. Es besteht aus trompetenartigen Lautäußerungen und dem eindrucksvollen Balztanz. Das Weibchen legt ein oder zwei Eier, jedes

Kranichpaar nach der Rückkehr aus dem Überwinterungsgebiet

Kraniche am Schlafplatz *(Foto Dr. R. Zelinski)*

rund zehn Zentimeter lang und gut dreimal so schwer wie ein Hühnerei. Fressfeinde wie Wildschweine oder Kolkraben haben es auf die Eier oder die Küken abgesehen, die Altvögel müssen daher stets sehr wachsam sein. Jede Störung im Brutrevier, die die Altvögel zwingt, das Nest zu verlassen, gefährdet also erheblich und völlig unnötig den Bruterfolg. Die Jungen sind Nestflüchter und werden bald von den Eltern zum Fressen in die Umgebung geführt. Nach rund zehn Wochen können die Jungen fliegen. Im Herbst schließt sich die Familie den vorbeikommenden Zugvögeln an, bleibt aber den Winter über noch zusammen. So lernt der Jungvogel den Zugweg kennen. Im zweiten oder dritten Lebensjahr werden die Tiere geschlechtsreif und kommen als „Übersommerer" ebenfalls in die Brutgebiete, schließen sich dort aber zu Trupps zusammen.

Kraniche fliegen in Formationen – dadurch fallen sie zur Zugzeit leicht am Himmel auf. Angeführt wird eine Formation von einem erfahrenen und kräftigen Altvogel, wobei die Führung immer wieder wechselt. Die dahinter fliegenden Tiere nutzen den Luftwirbel, der beim Flügelschlag des vorausfliegenden Artgenossen entsteht. Der wirkt wie ein Aufwind, und Berechnungen haben ergeben, dass die Energieersparnis bei bis zu 70% liegt. Die Fluggeschwindigkeit beträgt im Schnitt 50 bis 60 Stundenkilometer, die Flughöhe liegt beim Zug zwischen 50 und 2000 Metern.

Im September bahnt sich dann das große Herbstschauspiel an, wenn erste Kraniche auf dem Zug nach Süden ins Märkische kommen. An der polnischen Grenze, bei Gartz, liegt der nördlichste Brandenburger Sammelplatz. Seit 2006 lädt der Nationalpark Unteres Odertal zur Kranichwoche, die Ende September beginnt und mit fachkundigen Führungen mit den Tieren und ihren Einstandsplätzen vertraut macht. Von Nordosten her ziehen die Glücksboten nun zu den anderen Sammelplätzen in Brandenburg. Dazu gehören die Biesenbrower Teiche und das Blindower Seebruch bei Prenzlau (beide UM), sowie weitere Sammelplätze rund um Linum: Das östlich angrenzende Kremmener Luch und die südlich gelegenen, ehemaligen Nauener Rieselfelder. Ganz im Westen liegt am Gülper See (HVL) ein weiterer größerer Sammelplatz. Hier sind die Kraniche jedoch in der Minderheit, denn das Gros der Zugvögel machen Wildgänse aus, die ebenfalls auf dem See schlafen. Gänse und Kraniche nehmen es generell nicht so eng und kommen zur Zugzeit oft an die gleichen Schlafplätze. Gänse schwimmen jedoch im Schlaf, während Kraniche im Wasser stehen möchten. Südlich von Berlin gibt es zwei Schlafplätze, die neu entstandenen Seen bei Stangenhagen und den Rangsdorfer See. Am Ostufer dieses Sees, am Seebad-Casino, kann man die Ankunft der Tiere zum Sonnenuntergang über dem See beobachten – ein unvergessliches Erlebnis. In der Niederlausitz haben die Kraniche kürzlich einen Schlafplatz gewechselt: Längere Zeit nutzten sie den Freesdorfer Borcheltsbusch, an dessen Rand sogar extra zur Beobachtung ein großer Aussichtsturm erbaut wurde. Inzwischen sind die Tiere ein paar Kilometer weitergezogen, wo ihnen der geflutete Tagebau Wanninchen offensichtlich besser zusagt. Im nahe gelegenen Heinz Sielmann Naturparkzentrum Wanninchen findet, schon Ende September, der Familien-Aktionstag „Naturwunder Vogelzug" statt. Neben Angeboten im und am Naturparkzentrum gibt es eine Exkursion zu den Schlafplätzen der rund 4000 Kraniche. Auch andere geflutete Tagebaue, wie der Lichtenauer See oder die im Wachsen begriffenen Seen im NSG Grünhaus bei Lauchhammer werden von den Kranichen aufgesucht.

Heinz Sielmann Naturparkzentrum Wanninchen
15926 Luckau OT Görlsdorf
☎ (0 33 44) 55 63 28
www.sielmann-stiftung.de

Linum mit seiner Teichlandschaft, den Feldern in der näheren Umgebung und den unentwegt für den Kranichschutz arbeitenden Mitarbeitern der NABU-Storchenschmiede, der Naturschutzstation Rhinluch und des Landschaftsfördervereins Oberes Rhinluch bleibt aber der größte Sammelplatz. So haben die Besucher, die nach der Führung wieder auf dem Heimweg sind, noch lange die Vermutung Henrik Watzkes in Erinnerung, hier könnten sich in naher Zukunft einmal mehr als 100000 Kraniche treffen.

Storchenschmiede Linum
Nauener Straße 54
16833 Linum
☎ (03 39 22) 5 05 00
storchenschmiede@nabu-berlin.de

Kranich-Schlafplatz Linumer Teiche

Linum ist ein Dorf am Rand des Rhinluchs, umgeben von Wiesen und Feldern. Autofahrer verlassen die A24 an den Anschlussstellen Kremmen oder Fehrbellin und fahren über herrliche Alleen nach Linum.

Bahnfahrer müssen am Wochenende ab Wustrau oder Nauen den Bus nehmen und zwischendurch noch einmal umsteigen (Wustrau – Fehrbellin, Fehrbellin – Linum oder Nauen – Königshorst, Königshorst – Linum), wochentags gibt es auch eine Busverbindung ab Kremmen.

Die Mitarbeiter der NABU-Storchenschmiede und des NABU-Berlin halten ein großes Angebot an Führungen bereit. Von Mitte bis Ende Oktober werden an wechselnden Tagen Busfahrten (Treff NABU-Geschäftsstelle in der Wollankstraße 4 in Berlin-Pankow, hier auch Anmeldung ☎ [030] 986 41 07, LVBerlin@NABU-Berlin.de) unternommen. Von Ende September bis Mitte November starten an der Storchenschmiede freitags, sonnabends und sonntags Führungen zum abendlichen Schlafplatzeinflug der Kraniche. An Kranichen satt sehen kann man sich bei der Ganztagesexkursion. Morgendlicher Abflug, Nahrungssuche, Vorversammlung und Schlafplatzeinflug werden ausgiebig beobachtet. Die Veranstaltung findet an wechselnden Tagen den gesamten Oktober über statt. Zu den beiden letztgenannten Veranstaltungen bitte vorab bei der Storchenschmiede anmelden.

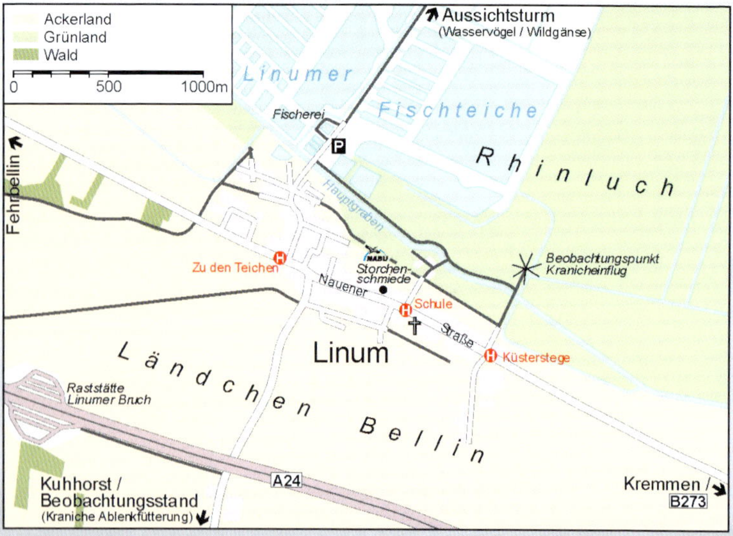

OKT

LANDSCHAFTSWANDEL
IM ZEITRAFFER

Landschaftswandel im Zeitraffer

Ein warmer Herbsttag. Träge fließt die Elbe dahin. Aus den Bäumen am Ufer erklingt Vogelgezwitscher. Von einer Erle fällt ein Blatt ab und segelt zu Boden. Es landet in einem Altarm der Elbe, schwimmt noch ein Stück und bleibt an einer ins Wasser gestürzten Weide hängen. Ein Windstoß streicht durch den Wald und löst einige Blätter von einer Pappel. Der Wind trägt sie bis zum Wasser, wo sie ebenfalls an der umgestürzten Weide hängen bleiben. Einige Wochen später sinken die Blätter auf den Grund des Altarmes. Sie hinterlassen einen Abdruck im Ton, der hier und da den Grund bedeckt.

Jahre vergehen, viele Jahre, rund zehn Millionen. Ein mächtiges Schaufelrad gräbt sich durch die Braunkohle der Niederlausitz. Zwischen der Kohle, dem Gold der Region, befindet sich eine Tonschicht. Und darin entdecken Cottbuser Naturforscher, die bisweilen die Tagebaue betreten dürfen, den Abdruck des Erlenblatts – für die Wissenschaftler eine kleine Sensation. Sie suchen weiter und finden den Abdruck, den das Weidenblatt vor zehn Millionen Jahren hinterlassen hat – er könnte auch erst wenige Jahre alt sein.

Die Welt vor zehn Millionen Jahren war eine andere als die heutige. Es war insgesamt wärmer, in unserer Region herrschte ein subtropisches Klima. Europa hatte noch nicht die aktuelle Gestalt. So gab es keine Ostsee. Aber einen Fluss, der sich aus der Region des heutigen Böhmens gen Nordsee schlängelte. Geologen nennen diesen Fluss Ur-Elbe.

Naturwissenschaftlicher Verein der Niederlausitz e.V.
Postfach 101005
03010 Cottbus
info@nvn-cottbus.de
www.nvn-cottbus.de

Am Sielmann Naturparkzentrum in Wanninchen

Nur ein Stein zeugt von Presenchen, das dem Tagebau Schlabendorf Süd weichen musste

NOV

Nach den Baggern kommen Wind und Wasser – und die Natur

An seinen Ufern befanden sich ausgedehnte Wälder, von denen die Cottbuser Naturforscher ein sehr genaues Bild zeichnen konnten – so genau, dass sie den Wald von früher mit nahe verwandten Arten von heute im Spreeauenpark, dem Gelände der BUGA 1995 in Cottbus, nachpflanzten. So schlägt der „Tertiärwald", der inzwischen vom Naturwissenschaftlichen Verein der Niederlausitz betreut wird, eine Brücke vom Tertiär zur Gegenwart.

Der Zeitraum der Erdgeschichte, der vor etwa 65 Millionen Jahren begann und, hervorgerufen durch große Klimaschwankungen, vor rund 4 Millionen Jahren endete, wird als Tertiär bezeichnet. Die Kontinente begannen erst in diesem Erdzeitalter auseinanderzudriften, Nord- und Südpol waren zunächst noch von Ozeanen bedeckt, und die Hebung der Hochgebirge setzte erst in dieser Epoche ein. So war das Klima ein anderes und damit auch die Vegetation. Viele derzeit auf anderen Kontinenten anzutreffende Gehölzarten bedeckten das heutige Europa, insgesamt war die heimische Flora viel artenreicher. Gegen Ende des Tertiärs, vor etwa zehn Millionen Jahren, setzte ein Vorgang ein, der heute der Nieder- und Oberlausitz und dem Mitteldeutschen Becken seine riesigen Braunkohlevorkommen beschert. Zunächst, das ist heute kein bisschen anders, sammelte sich am Grund von Gewässern oder auf zeitweilig nassen Flächen Pflanzenmaterial. Das Wasser verhinderte die vollständige Zersetzung der Biomasse, die sich stetig auftürmte und mit der Zeit immer mächtiger wurde. Man spricht von der Torfbil-

Landschaftswandel im Zeitraffer

*Erosionstal mit Riesen-Schachtelhalmen (*Equisetum telmateia*)*

ser „Inkohlung", wie die Entwicklung zur Kohle hin heißt, beteiligt. So entsteht zunächst Braunkohle, bei länger andauernder Inkohlung Steinkohle. Der Gehalt an Wasser und anderen Stoffen, unter anderem Schwefel, geht dabei immer weiter zurück. Im Märkischen hat der Prozess der Inkohlung nur zur Bildung von Braunkohle geführt.

Das Tertiär endete mit gravierenden Klimaveränderungen, in deren Folge Nordostdeutschland insgesamt dreimal von großen Eismassen bedeckt wurde. Mit dem Eis kamen gigantische Mengen an Sand und Geröll, die die tertiären Ablagerungen überdeckten. An einigen Orten jedoch falteten die Gletscher die Braun-

dung. Im Tertiär bildeten sich nun meterdicke Torfschichten, dazwischen eingelagert hin und wieder Tonhorizonte. Es ist sogar vorgekommen, dass Hochwasser ganze Bäume verschluckte und so konservierte. Der Torf wurde von den darüber liegenden Erdschichten immer fester zusammengepresst. Dadurch wurde das noch enthaltene Wasser herausgedrückt, und der Torf verwandelte sich langsam zu Kohle. Auch die Wärme aus dem Erdinnern ist an die-

kohlehorizonte auf, die dann nach dem Rückschmelzen der Gletscher dicht an der Erdoberfläche lagerten. Hier und da wurden sie bereits in vorindustrieller Zeit entdeckt und den damaligen technischen Möglichkeiten entsprechend ausgebeutet – das war im Untertagebau, also durch Stollen, die ins Erdreich gegraben wurden. Die älteste Nachricht über einen Kohlefund stammt aus dem Jahr 1789 aus Bockwitz, heute ein Teil von Lauchhammer. Auch andernorts wurde Braunkohle gefördert, so in den Rauener Bergen, in Schenkendorf bei Königs Wusterhausen oder am Schermützelsee in der Märkischen Schweiz. Die Aufzählung ließe sich noch um einige Orte und Regionen erweitern, doch in einem Teil Brandenburgs ist die Braunkohle allgegenwärtig: in der Niederlausitz. Die Kohle verhalf der Region im Südosten des Landes, lange Zeit einer der ärmsten Landstriche Deutschlands, zur Blüte – auf der einen Seite. Auf der anderen jedoch fraß sich der Abbau ohne jede Rücksicht auf Dörfer, Felder, Wiesen und Wälder durch die Landschaft und hinterließ gigantische Sandhalden, tiefe Löcher und viel Leid. Denn der behutsame Untertagebau, der anfangs auch hier praktiziert wurde, wich mit der technischen Weiterentwicklung der Fördertechniken zunächst kleineren Tagebauen und schließlich den riesigen Großtagebauen.

Die Förderbrücken, wie die Bagger mit den gewaltigen Schaufelrädern als derzeitiger Schlusspunkt der technischen Entwicklung heißen, sind viele tausend Tonnen schwer. Sie tragen zunächst die Hinterlassenschaften der Eiszeit, im Wesentlichen also die im Schnitt 40 bis 60 Meter mächtige Decke aus Sand, Lehm und Geröll, ab, um dann die Braunkohle fördern zu können. In der DDR war die Braunkohle der wichtigste Energieträger. So wurden in der Niederlausitz, dem einstigen „Energiebezirk", gegen Ende der 1980er Jahre fast 200 Millionen Tonnen Braunkohle gefördert – Jahr für Jahr. Mehr als 80

*Uferschwalbe (*Riparia riparia*, Foto Heinz Sielmann Stiftung)*

Dörfer mussten für den Abbau von der Landkarte verschwinden. Trauriger Schlusspunkt war die Sprengung der Dorfkirche von Horno 2004 – die Hoffnung, dies könnte das Ende der Kohleförderung in Brandenburg markieren, hat sich 2007 zerschlagen, als Pläne für die Eröffnung neuer Tagebaue bekannt wurden.

Übrig lassen Großtagebaue, wie es

*Steinschmätzer (*Oenanthe oenanthe*, Foto Heinz Sielmann Stiftung)*

in der Fachsprache heißt, „ausgekohlte" Gruben und endlose Ketten aus abgekipptem Sand. Um einsickerndes Grubenwasser fernzuhalten, muss der Grundwasserstand weiträumig abgesenkt werden. So bekommt jedoch nicht nur die Tagebaugrube keine nassen Füße, auch die Landschaft in der Umgebung fällt trocken. Mit der Einstellung der Förderung werden die Pumpen abgeschaltet, und die Gruben füllen sich mit Wasser. In den kommenden Jahren entsteht im Süden des Landes eine Wasser-Landschaft riesigen Ausmaßes – angesichts insgesamt 45 neuer Seen spricht mancher schon vom Neu-Seen-Land. Die aufgeschütteten Sandhalden müssen, sollen sie künftig wieder betreten werden können, saniert, also stabilisiert und befestigt werden – der zurückkehrenden Natur wird damit jedoch viel Spielraum genommen. Brandenburgweit sollen 15 Prozent der Bergbaufolgelandschaften dem Naturschutz vorbehalten werden. Hier wird nicht planiert, steile Böschungen bleiben erhalten, Wasser kann sich nach eigenen Kräften seinen Weg suchen, die Böden werden nicht gedüngt oder gekalkt, und es kann wachsen, was mit eigenen Kräften aufkommt. In zwei ehemaligen Tagebauen Brandenburgs können sich die natürlichen Kräfte sogar weiträumig entfalten: Insgesamt rund 3000 Hektar der beiden Tagebaue Schlabendorf-Nord und -Süd bei Luckau hat die Heinz Sielmann Stiftung erworben – inzwischen unter dem Namen „Sielmanns Naturlandschaft Wanninchen" geläufig. Und im Tagebau Grünhaus wurden fast 2000 Hektar in die NABU-Stiftung Nationales Naturerbe aufgenommen. Während der Natur in Grünhaus völlig frei-

NABU Nationales Naturerbe
Naturparadies Grünhaus
03238 Lichterfeld
Führungen / Exkursionen
www.naturerbe.nabu.de

Rastende Wildgänse in Sielmanns Naturlandschaft Wanninchen

er Lauf gelassen wird, werden in Wanninchen darüber hinaus wertvolle Offenbereiche durch Schafbeweidung erhalten. So bestimmen nach einigen Jahren der Entwicklung nicht ausschließlich Bäume das Bild, und die bedrohten Arten der Sandheiden und Trockenrasen haben weiterhin einen Platz.

Wer diese Gebiete hin und wieder besucht, wird feststellen, dass sich Landschaft und Natur im Zeitraffer verändern. Denn anders als beim Ausklingen der Eiszeit, als das Land zwar ebenso karg wie jetzt war, ist das Klima heute wärmer und ausgeglichener, und die potenziellen Besiedler, Pflanzen und Tiere, stehen in der Umgebung der Tagebaue bereits in den Startlöchern. Zunächst erscheinen die Pioniere der Sandhalden, Pflanzenarten wie der Schafschwingel (*Festuca ovina*) oder die Sand-Strohblume (*Helichrysum arenaria*) und Insekten wie der Wiener Sandlaufkäfer (*Cylindera arenaria viennensis*), der in der Niederlausitz die größten Vorkommen Deutschlands aufweist, die Blauflügelige Sandschrecke (*Sphingonotus caerulans*) oder der Sandohrwurm (*Labidura riparia*). Im offenen Land fühlen sich auch Feldhasen (*Leous europaeus*) wohl. Im Uferbereich der Seen übernachten zur Zugzeit Tausende Kraniche (*Grus grus*), im tieferen Wasser Zehntausende nordische Gänse. Die ungestörten Gewässer sind natürlich auch für Brutvögel attraktiv. Brachpieper (*Anthus campestris*) und Flussregenpfeifer (*Charadrius dubius*) brüten auf offenen Sandflächen, Uferschwalben (*Riparia riparia*) in steilen Böschungen. Steinschmätzer (*Oenanthe oenanthe*) legen ihre Nester in Steinhaufen an, und im klaren Wasser der Seen finden sogar Schellenten (*Bucephala clangula*) Nahrung – jeder Besuch der Gebiete birgt neue Überraschungen und das nicht nur im November, sondern das ganze Jahr über.

*Wiener Sandlaufkäfer (*Cylindera arenaria viennensis*, Foto Heinz Sielmann Stiftung)*

Zauneidechse (Lacerta agilis)

Landschaftswandel im Zeitraffer

Sielmanns Naturlandschaft Wanninchen

Ruhig ist es gelegen, das Heinz Sielmann Naturparkzentrum Wanninchen: Es steht hart am Rand des früheren Tagebaus Schlabendorf-Süd und ist der einzige Rest des früheren Ortes Wanninchen. Nach der Wende wurde das Gehöft, vor dem die Abrissbagger Halt machten, zunächst eine Naturschutzstation. Die Mitarbeiter entwickelten Ideen, wie Naturschutz und Bergbausanierung unter einen Hut gebracht werden können. In den Jahren 2000 und 2002 schließlich erwarb die Heinz Sielmann Stiftung große Teile der beiden Tagebaue Schlabendorf-Süd und -Nord, um sie als Lebensraum für bedrohte Arten zu erhalten und Wanninchen zu einem Ort der Umweltbildung zu entwickeln. Das Naturparkzentrum lockt seitdem mit „Tagen voller Wunder" das ganze Jahr über vor allem Kinder und Jugendliche in die Natur – in den alten Wald am Tagebaurand, den Garten am Naturparkzentrum und die Sandhalden im Tagebau. Dauerausstellungen informieren Jung und Alt über die Arbeit der Heinz Sielmann Stiftung und den Naturpark Niederlausitzer Landrücken. Während des Vogelzugs im Herbst finden Führungen zu den rastenden Kranichen statt (⇨ S. 107).

Sielmanns Naturlandschaft Wanninchen – Heinz Sielmann Stiftung

Heinz Sielmann
Naturparkzentrum Wanninchen
15926 Luckau OT Görlsdorf
☎ (035 44) 55 77 55
info@sielmann-stiftung.de
www.sielmann-stiftung.de

geöffnet
Apr – Okt täglich 10 – 17 Uhr
Nov – März werktags 10 – 15 Uhr

Erreichbar ist Wanninchen am besten mit dem Auto. Dazu die A13 (Berliner Ring – Dresden) an der Anschlussstelle Calau verlassen und weiter auf der Landstraße Richtung Luckau bis Garrenchen fahren. Dort links abbiegen nach Görlsdorf und am Ortsbeginn – vor einem Betrieb mit mehreren Silos – mit Hinweis zu „Sielmanns Naturlandschaft Wanninchen" links abbiegen. Die Straße führt zum Rand der Bergbaufolgelandschaft und an dieser rechts herum bis zum Naturparkzentrum Wanninchen.

VERGÄNGLICHKEIT
IN JAHRHUNDERTEN

Vergänglichkeit in Jahrhunderten

Ein lauer Sommerabend. Mühsam klettert ein Tier mit auffällig großem Geweih an einer knorrigen Eiche empor. Das Tier riecht austretenden Pflanzensaft. Nicht irgendeinen Pflanzensaft, sondern einen ganz bestimmten: Eichensaft. Eine weibliche Artgenossin hat eine kleine Verletzung am Baum entdeckt und etwas aufgeweitet. Sie leckt den zuckerhaltigen Saft, ein regelrechtes Kraftfutter für sie. Kraft braucht aber auch er mit dem Geweih. Denn er ist nicht alleine. Ein anderes Tier, auch mit einem großen Geweih, hat ebenfalls den Saft gewittert. Und auch das paarungsbereite Weibchen in der Nähe. Ihr Partner wird nun ermittelt. Steil richten die beiden Kontrahenten ihr Geweih auf und versuchen, den Gegenüber auszuhebeln. Gut festhalten können sie sich, haben sie doch sechs Beine. Einer der beiden schafft es schließlich doch, den anderen mit einer kräftigen Kopfbewegung hochzuheben und auf den Rücken zu drehen. Der Kampf ist entschieden. Unblutig wohlgemerkt, es geht nicht darum, den Gegenüber zu töten, sondern nur den Stärkeren zu ermitteln. Der ist nun gefunden, und Pflanzensaft und Weibchen sind sein.

Eine Szene in einem märkischen Eichenwald. Einem Eichenwald mit alten Bäumen, Lichtungen und hier und da einem morschen Baum, denn nur diese bieten dem Hirschkäfer (*Lucanus cervus*), der größten europäischen Käferart, das, was er braucht: Eichen mit kleineren Verletzungen als Nahrungsquelle und morsche Wurzeln. In deren Mulm spielt sich fast das gesamte Leben des Hirschkäfers ab. Solche Hirschkäfer-Eichenwälder sind in Brandenburg keine Seltenheit – die Ansicht, es gäbe nur Kiefern im Land, trifft gewiss nicht zu. Wer Hirschkäfer sehen möchte, dem sei als erstes die Hirschkäfer-Welt im Märkischen Haus des Waldes empfohlen. Oder ein Spaziergang durch die nahe gelegene Dubrow, einen eindrucksvollen Eichenwald am Ufer der Schmölde. Wer alte Eichen sehen möchte, kann auch auf den Barnim fahren, nach Leuenberg. Kaum beachtet, hat sich hier ein erstaunlich großer Bestand alter Eichen erhalten. Dagegen viel beachtet, ja geradezu berühmt, ist die Schorfheide für ihre alten Bäume, allen voran die alten Eichen. Mehrere hundert wurden in einem wissenschaftlichen

Hirschkäfer-Welt
Märkisches Haus des Waldes beim Amt für Forstwirtschaft Wünsdorf
15754 Heidesee OT Gräbendorf
☎ (03 37 63) 6 44 44
hausdeswaldes@affwu.brandenburg.de
www.haus-des-waldes.info

Hirschkäfer-Männchen

Schwedenlinde in Brielow (PM)

Projekt erfasst. Eindrucksvoll erheben sie ihre mächtigen Kronen und schimmern durch den umgebenden jungen Baumwuchs hindurch. Ein beeindrukkendes Bild geben auch die riesigen toten Eichen ab. Manche sind schon umgefallen, manche stehen noch. Aus Naturschutzgründen bleiben sie im Wald, nicht nur zur Freude der Hirschkäfer. Sie leben im und vom toten Holz und zersetzen es. Das kann viele Jahre dauern, ein Baumriese besteht aus viel Holz. Treffendes Beispiel: Die Florentiner Eiche im Oberspreewald bei Straupitz. Kaum vorstellbare 900 Jahre gedieh der Baum prächtig, mit den massiven Eingriffen in den Wasserhaushalt des Spreewaldes war ihr Todesurteil gesprochen. In kurzer Zeit vertrocknete der Baum, der bis dahin allen Unbilden des Wetters, Kriegen und sonstigen Ereignissen getrotzt hatte. Das war Ende der 1950er Jahre, der riesige Stumpf des Baumes ist aber immer noch fest verwurzelt. Die Florentiner Eiche steht in einem Waldstück, das Byttnahain genannt wird und in dem es weitere Alt-Eichen gibt. Sechs Meter Umfang, gemessen in Brusthöhe, sind keine Seltenheit.

Nicht jede Baumart kann mehrere Jahrhunderte alt und meterdick werden. Es sind die langsamwüchsigeren Arten wie Eichen, Linden oder Ulmen, die es zu diesen stattlichen Dimensionen bringen können. Ein paar Beispiele gefällig? Gülitz in der Prignitz: Über 800 Jahre alte Feldulme mit knapp zehn Metern Stammumfang. Brielow bei Brandenburg a.d.H.: Rund 600 Jahre alte Sommerlinde mit über zwölf Metern Stammumfang. Stülpe im Baruther Urstromtal: Etwa 500-jährige Stieleiche mit

Vergänglichkeit in Jahrhunderten

Ulme in Gülitz bei Perleberg (PR)

etwa siebeneinhalb Metern Umfang. Den märkischen Dicken-Rekord hält die „Dicke Eiche" von Krügersdorf bei Beeskow: Auf zehn Meter bringt es das etwa 850 Jahre Holzgewächs. Weiter: Halbinsel Pehlitzwerder in der Uckermark: Rund 500-jährige Winterlinde mit über siebeneinhalb Metern Umfang. Die Aufzählung alter und beeindruckend dicker oder schön gewachsener Bäume in Brandenburg könnte noch Seiten füllen...

Doch sind alte Bäume nicht einfach nur alte Lebewesen mit Alter und Umfang. Sie strahlen Kraft aus, erwekken Bewunderung, lassen innehalten und regen zum Nachdenken an. Man sieht ihnen ihr Alter an, denn die Zeit ist selten spurlos vorübergegangen. So können sie, schenkt man ihnen mehr als einen flüchtigen Blick, sogar Geschichten erzählen. Das macht diese Bäume für viele Menschen sehr anziehend – in der Vergangenheit wie in der Gegenwart. In früheren Jahrhunderten spielten die Holzriesen im täglichen Leben noch eine andere Rolle. Manche Bäume waren heilige Stätten oder Orte, an denen Recht gesprochen wurde. In den Dörfern waren sie oft Treffpunkt für Jung und Alt, hier wurden natürlich auch Feste gefeiert. Bäume sind noch heute Symbol für Unsterblichkeit, Jugend, Gesundheit und das Leben an sich. Und sie erinnern an alte Traditionen, wie etwa der Maibaum, der Richtbaum oder der Weihnachtsbaum.

Um viele alte Bäume ranken sich Sagen und Legenden – kein Wunder, wenn ein Geschöpf aus „grauer Vorzeit" so lange überdauert. Manchmal erfährt man aus diesen Überlieferungen sogar das exakte Alter eines Baumes. Wie oft wird bei einem besonders mächtigen Baum, insbesondere wenn es denn eine Eiche oder eine Linde ist, von einem „tausendjährigen Baum" gesprochen. Meist sind diese Gewächse „nur" 300 oder 400 Jahre alt. Bei der Wichmann-Linde in Neuruppin ist das anders: Sie wurde einstmals nach dem Tod des ersten Klostervorstehers, Pater Wichmann, gepflanzt. Dessen Todesjahr ist überliefert: 1270. Wichmann war ein sagenumwobener Mann und soll wundersame Taten vollbracht haben. Sein Wunsch war es, seinen Leichnam in einen gläsernen Sarg zu betten und diesen wiederum in einen silbernen Sarg zu legen. Über das Begräbnis wollte er schließlich eine Linde gepflanzt haben. Erst nach deren Tod sollte das Grab geöffnet werden dürfen. Es ist noch immer verschlossen! Der Baum ist im Lauf der Jahrhunderte zwar etwas ausgehöhlt und steht auf drei Säulen, ist aber immer noch sehr vital.

Jeder kennt es von den Linden am Straßenrand: Die Bäume schieben dicht am Boden junge Triebe aus dem hölzernen Stamm hinaus, so genannte Stockausschläge. Der Begriff kommt vom früher geläufigen Ausdruck „auf den Stock setzen": Einstmals wurden Baumarten wie Linde, Hainbuche oder Weide einfach abgesägt, brauchte man ihr Holz. Die natürlichen Regenerationskräfte ließen aus dem übrig gebliebenen Stumpf

Linde auf dem Pehlitzwerder (BAR)

Vergänglichkeit in Jahrhunderten

Wichmannlinde in Neuruppin (OPR)

neue Triebe wachsen, die mit der Zeit wieder zu neuen Bäumen heranwuchsen – den Förster haben sich unseren Ahnen nebenbei noch gespart. Arten wie die Linde zeigen dieses Wuchsverhalten aber nicht nur bei Verletzungen, um das Absägen des Stammes einmal gelinde zu umschreiben, sondern eigentlich zu jeder Zeit. Werden diese jungen Triebe nicht abgeschnitten oder von Tieren verspeist, können sie Baumstärke erreichen. Zur Natur der Linde gehört zudem, dass das Innere des Stammes, der Kern, mit zunehmendem Alter verfault. Eine kernfaule Linde ist nicht etwa todkrank. Für die Standfestigkeit ist der Kern nur bedingt notwendig, wie Physiker berechnet haben. Die Versorgung der höher liegenden Teile des Baumes, der Äste und Blätter, übernehmen Leitungsbahnen, die dicht unter der Borke liegen und nicht von der Kernfäule betroffen sind. Vergehen nun Jahrzehnte und Jahrhunderte, verschwindet der ursprüngliche Stamm langsam und mancher Stockausschlag wird seinerseits zum mächtigen Stamm. Er verwächst gelegentlich mit anderen Stockausschlägen und muss anfangs auch das alte Holz umwachsen. So entsteht ein skurriles Gebilde. Bestes Beispiel hierfür ist der dickste Baum Brandenburgs, die bereits erwähnte Sommerlinde in Brielow, „Schwedenlinde" genannt. Ihren Namen bekam der Baum im fortgeschrittenen Alter von gut 250 Jahren, als im Dreißigjährigen Krieg unter ihr ein schwedischer Stabsoffizier begraben wurde. Den Umfang der Schwedenlinde zu messen, ist kein Kinderspiel. Der Holzgigant besteht aus zwei Teilen, die auseinander zu brechen scheinen. So gibt es keinen geschlossenen Stamm – typisch alte Linde. Wer dennoch das Maßband anlegt, muss es gut zwölf Meter weit ausrollen, oder anders gesagt, acht Erwachsene müssten sich Hand-an-Hand fassen, wollten sie diesen Baumriesen umarmen.

Noch bizarrer erscheinen zwei Linden, die in Seebeck nahe Lindow im Ruppiner Land ein wenig beachtetes Dasein führen. Es sind Gerichtslinden, also Bäume, unter denen in früheren Zeiten bei Streitigkeiten Recht gesprochen wurde. Kernfäule, neue Triebe und Überwucherungen haben sich bei diesen beiden, sogar miteinander verwachsenen Bäumen – vermutlich waren sie einmal ein Baum – offensichtlich austoben dürfen. So entstand ein eigenartiges Gebilde, ein Kunstwerk der Natur, nur aus Holz bestehend. Fachleute nehmen an, dass die beiden Bäume zwischen 800 und 1000 Jahren alt sind – das wäre märkischer Altersrekord! In der Umgebung von Lindow befinden sich weitere frühere Gerichtslinden. Im Nachbarort Keller bringt es eine wunderschöne Linde auf knapp acht Meter Umfang – ein Fall für eine sechsköpfige Gruppe, wenn der Baum umarmt werden soll. Einen Ort weiter, in Rönnebeck, wurde die kernfaule Gerichtslinde ganz praktisch zur Abstellkammer umfunktioniert. Ein eigenartiger Anblick, Harken, Eimer und Gießkannen im Innern eines Baumes untergestellt zu sehen.

Einen ganz besonderen Anblick verleihen fünf Linden einer anderen Kirche im Märkischen. Hugenotten waren im 18. Jahrhundert von der Ausstrahlung des Platzes, den diese fünf

Gerichtslinde in Rönnebeck (OHV)

Winterlinde an der Kirche von Alt Placht (UM)

Bäume umfriedeten, so angetan, dass sie dort ihre Kirche erbauten. Heute sind die Kirche von Alt Placht und die Linden eine wunderbare Einheit aus Natur und Kultur geworden, deren Reiz sich wohl niemand entziehen kann.

Nur ein paar Kilometer entfernt, ebenfalls in der Uckermark, verzaubert ein alter Wald Spaziergänger und Wanderer. Im Boitzenburger Tiergarten recken uralte Eichen ihre Äste in den Himmel. Oft sind Spechte zu hören, die entweder zur Brutzeit mit Trommeln ihr Revier markieren oder auf Nahrungssuche sind. Ein alter Baum ist Lebensraum hunderter Tier- und Pflanzenarten. Flechten überziehen hier und da die Borke, Moose besiedeln die Schattenseite des Gehölzes. Und dann sind da natürlich auch noch Käfer. Einer treibt gerne Gänge in das Holz, der Große Eichenbock (*Cerambyx cerdo*). Er ist so groß, dass die Gänge daumendick sind. Drei bis vier Jahre seines Lebens verbringt das Tier als Larve im Holz. Dann beginnt die Verpuppung, geschützt am Ende eines Ganges, der mit einem Deckel verschlossen ist. Mit vier bis sechs Jahren lebt nur einer noch länger im Schutz des morschen Eichenholzes: die Larve des Hirschkäfers.

DEZ

Byttnahain im Oberspreewald

Am Nordrand des Oberspreewaldes stehen im Byttnahain einige der ältesten Eichen Brandenburgs. Sie werden als Nachfahren früherer Urwaldbäume gesehen. So sind ihre Früchte in unserer Zeit als Saatgut besonders begehrt, da ihre Erbanlagen an die regionalen Klimaverhältnisse gut angepasst sind. Früher taten sich Weidetiere, vor allem Schweine, an den Eicheln gütlich. Trugen die Eichen viele Früchte, war also ein „Mastjahr", wurden die Schweine unter die Bäume getrieben, um sich an den Eicheln satt zu fressen. So genossen die Mastbäume einen besonderen Schutz und fielen nicht der Säge zum Opfer.

Dicht beeinander stehen drei Baumriesen, die vor einiger Zeit sogar mit eigenen Namen versehen wurden: Die Christoph-Heinrich-Eiche, die Waidmanns-Rast-Eiche und die Kaiser-Wilhelm-Eiche. Mahnendes Beispiel für gravierende Eingriffe in den Naturhaushalt: Die Florentiner-Eiche. In den 1950er Jahren begann der riesige, 900 Jahre alte und vitale Baumveteran abzusterben. Ihr zur Seite wurde kürzlich eine junge Eiche gestellt, „Florentinchen" genannt.

Der Byttnahain ist über die Landstraße Straupitz – Byhleguhre zu erreichen. Ein Parkplatz befindet sich am Abzweig der Landstraße nach Byhlen.

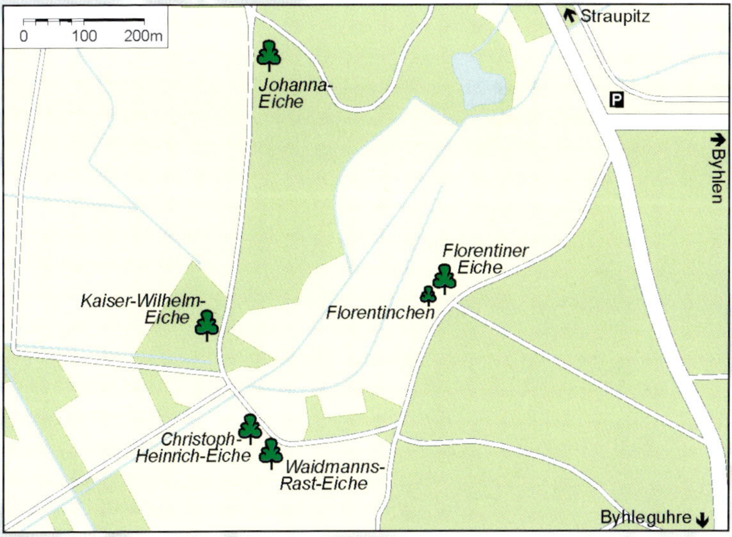

DEZ

Vergänglichkeit in Jahrhunderten

Pehlitzwerder am Parsteiner See

In eine der schönsten Landschaften Brandenburgs eingebettet liegt der Pehlitzwerder. Auf der einen Seite rahmen Hügel, auf der anderen der weite Parsteiner See die Halbinsel ein. Einer dieser Hügel, der Kleine Rummelsberg, bietet eine wunderbare Aussicht (⇨ S. 13). Man passiert ihn, wenn man – zunächst von der B2 zwischen Chorin und Serwest nach Weißensee / Brodowin abgebogen – von Brodowin in Richtung Parstein fährt. Autofahrer entdecken im weiteren Verlauf den Abzweig der Stichstraße zum Pehlitzwerder leichter als Radfahrer, deren Weg durch eine Hecke von der Straße getrennt ist. Auf der Halbinsel gibt es einen Campingplatz – wer entlang der alten Bäume wandeln möchte, sollte also Rücksicht auf die Campinggäste nehmen. Unweit der Rezeption befindet sich ein Imbiss. Ein Traum ist es auch, im klaren Wasser des Parsteiner Sees zu baden. Zwei Badestellen befinden sich auf dem Campingplatzgelände.

Wer gut zu Fuß ist, kann noch einen einzigartigen Wald mit vielen Baumriesen ansteuern: Das NSG Urwald Breitefenn, das etwa drei Kilometer südöstlich des Pehlitzwerders, nahe Neuendorf liegt. Ein Wanderweg in das Breitefenn zweigt von der Straße Pehlitz – Parstein ab.

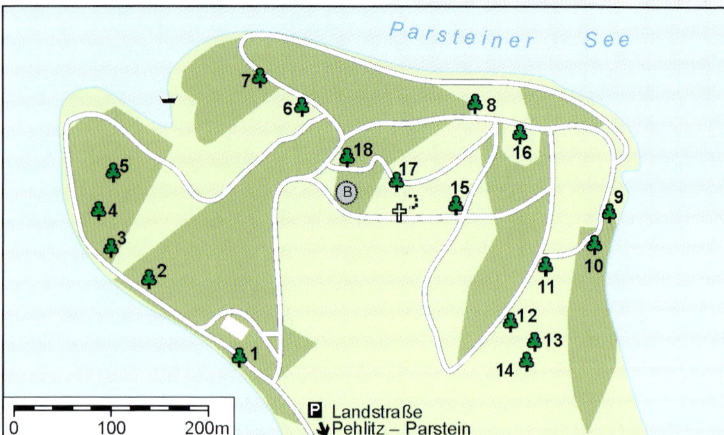

1 Kiefer	*7 Winterlinde*	*13 Winterlinde*	Ⓑ *slawischer Burgwall*
2 Winterlinde	*8 Rotbuche*	*14 Stieleiche*	✝ *Klosterruine*
3 Rotbuche	*9 Wildbirne*	*15 Hainbuche*	
4 Elsbeere	*10 Weißdorn*	*16 Winterlinde*	Grünland
5 Stieleiche	*11 Hainbuche*	*17 Winterlinde*	Wald
6 Wildbirne	*12 Winterlinden*	*18 Wildbirne*	

Register

Register